heart

♡

the body literacy library

heart

내 몸을 읽는 최신 인체 과학

바디 사이언스: 심장

패디 배럿 지음 | 김영정 옮김

the body literacy library

내 몸을 이해하는 것은 인간의 기본적인 권리다.
이를 통해 우리는 자신을 관찰하고, 배우고, 이해하게 되며,
이 세 가지 단계를 거쳐야 자신을 깊게 이해하고 돌볼 수 있다.

<바디 사이언스 시리즈>에서는 내 몸의 아주 작은 신호에도
귀를 기울이는 법을 배운다. 책 속에는 조금은 쑥스러워
망설였던 질문에 대한 답과, 더 행복하고 건강한 삶을 살기 위해
필요한 우리 몸에 관한 모든 지식이 담겨 있다. 단순히 내 몸의
소리를 듣는 것에서 끝나지 않고 내 몸이 말하고자 하는
메시지를 이해할 수 있어야 자신을 지키는 힘이 생긴다.

이 책과 함께라면 있는 그대로의 나를
사랑하는 법을 배우고 앞으로의 건강과 행복을 위해
현명하고 긍정적인 변화를 만들어 갈 수 있다.

바로 지금부터 시작해 보자.

차례

08	10	26
	Chapter 1	Chapter 2
들어가며	심장 이해하기	심장병이란 무엇인가?

52	104	128
Chapter 3	Chapter 4	Chapter 5
여러 가지 위험 요인	심장병 위험의 평가 방법	심혈관 질환 위험 줄이기

174	194	196
Chapter 6	마치며	참고 자료
심장병 치료하기	202 찾아보기	206 감사의 글

들어가며

이 책은 심장을 최대한 건강하게 유지하기 위해 꼭 알아야 할 정보를 담고 있다. 아울러 이미 병이 생기고 나서 치료하는 것이 아니라 그보다 앞서 심장병을 예방하는 데 초점을 맞추고 있다. 실제로 65세 미만의 사람들에게 발생하는 심장병의 90%는 예방할 수 있다. 이 책은 그러기 위한 구체적인 방법을 단계별로 안내한다.

나는 지난 20년 동안 심장병 환자들과 함께해 오면서 균형 잡힌 영양과 규칙적인 운동, 충분한 수면, 정서적 안정과 같은 생활 습관 관리를 통해 대부분의 심장병이 충분히 예방 가능하다는 사실을 확인했다. 하지만 많은 이들이 이러한 요소들을 제대로 관리하는 데 어려움을 겪는다. 무엇을, 어떻게 실천해야 할지 알려 주는 분명한 지침이 부족하기 때문이다. 이 책은 바로 그러한 문제를 해결할 것이다.

어떤 사람들은 유전적인 심장병이 있어 이른 나이에 약물 치료를 시작해야 할 수도 있다. 이 책은 당신이 그런 경우에 해당하는지 아닌지 판단하는 데 있어서도 도움을 줄 것이다. 물론 이미 심장병을 앓고 있는 사람도 있을 테지만 그렇다 해도 향후 심근경색이나 뇌졸중의 위험을 줄이기 위해 할 수 있는 일은 매우 많다.

이 책에 제시된 거의 모든 실천 단계는 주치의와 함께 할 수 있다. 현대 의료 시스템은 주로 질병이 생긴 뒤에 이를 치료하는 데 초점을 맞추고 있다. 그러나 질병을 예방하려면 그 위험 요인들에 대해 젊었을 때부터 관심을 두고 관리해야 한다. 그리고 이 과정은 종종 자기 자신이 주도해야 한다. 이 책은 그 과정을 해나가기 위한 하나의 도구다. 의사가 이끄는 대로 끌려가는 것이 아니라 의사와 함께 적극적으로 건강관리를 해나가는 데 필요한 도구가 들어 있는 공구함과도 같다.

첫 장에서는 우리가 해결하고자 하는 문제, 즉 심장병에 관해 설명한다. 다음 장에서는 향후 심장병에 걸릴 위험을 알아내는 법을 다루고, 마지막 장에서는 그 위험을 어떻게 줄일 수 있는지에 대해 살펴본다.

심장병은 전 세계적으로 가장 흔한 사망 원인이지만, 동시에 예방 가능성이 높은 질환이기도 하다. 심장병으로 사망하지 않으려면 미래의 심장마비 발생 위험을 최대한 줄여 그 확률을 자신에게 유리한 쪽으로 만들어야 한다. 우리는 위험을 완전히 없앨 수는 없지만 큰 차이를 만들어 낼 수는 있다. 사람들은 대부분 많은 시간을 보낸 뒤에야 위험을 줄이려는 노력에 집중하기 시작한다.

지금 이 글을 읽고 있는 것만으로도 당신은 이미 심장을 더 건강하게 만들어 가는 여정을 시작한 것이다.

이제 본격적으로 들어가 보자.

Chapter 1

심장 이해하기

심장 건강에 대해 알아야 하는 이유

심장이 어떻게 기능하는지와 심장에 영향을 미치는 질환을
이해하는 것은 오랫동안 건강하게 살기 위한 첫걸음이다.

심장병은 전 세계 사망 원인 중 1위를 차지한다. 매년 갖가지 암으로 사망하는 사람의 거의 2배나 많은 사람을 사망에 이르게 한다. 하지만 이런 사실에도 불구하고 심장병은 또한 가장 예방 가능한 사망 원인으로서, 65세 이전에 발생하는 심장병은 80% 이상 피할 수 있다.

몇 가지 간단한 원칙을 이해하고 생활에 적용하면 우리는 더 오래 살 수 있고 삶의 질까지 높일 수 있다.

심장병 발병에 영향을 미치는 요인은 여러 가지가 있지만 그중 90% 이상은 당신의 의지와 노력에 따라 달라지게 만들 수 있는 것들이다. 대부분의 사람들이 일생의 어느 시점에서 어떤 형태로든 심장병을 얻게 된다는 사실이 놀랍게 들릴 수도 있지만, 그렇다고 당신이 심장병으로 죽는다는 말은 아니다. 중요한 것은 심장병 '때문에' 죽지 않고, 심장병을 '지니고' 최대한 오래 사는 것이다.

이 목표를 이루려면 심장병의 위험을 증가시키는 요인을 살펴보고 발병을 최대한 늦추기 위해 무엇을 해야 하는지 고민해야 한다. 심장병의 위험을 완전히 없앨 수는 없지만 크게 줄일 수 있는 것은 확실하다.

심장병의 조기 발생 위험을 증가시키는 요인과 위험을 줄이는 방법에 대해 알아보자.

• 원인별 연간 전 세계 사망자 수

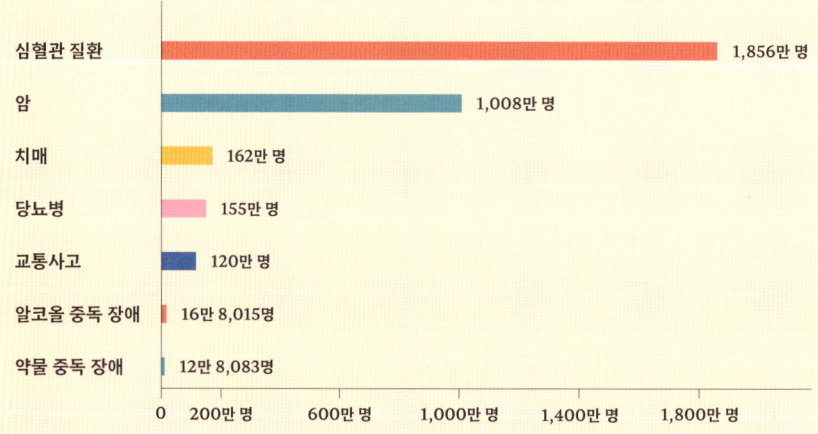

심장 건강 증진의 이점

결정적으로 심장병의 위험을 줄이는 데 필요한 모든 것을 실천하면 다음 두 가지 중요한 결과도 따라온다.

1. 건강 수명과 더불어 하고 싶은 일을 할 수 있는 능력이 향상되어 삶의 질, 특히 노년기 삶의 질이 높아질 가능성이 크다.

2. 심혈관 질환의 위험을 줄이면 여러 가지 암과 호흡기 질환, 치매 등 주요 사망 원인들의 발병 위험도 함께 낮출 수 있다.

다음 요인들 또한 다른 건강 질환의 위험을 줄이는 데 중요한 역할을 한다.

- 담배를 피운다고 모두 폐암에 걸리는 것은 아니지만 폐암 환자의 80~90%는 이전에 흡연을 했던 사람들이다. 그러므로 금연을 하면 두 가지 주요 사망 원인의 위험이 크게 줄어든다.

- 비만은 심장 질환의 주요 위험 요인이지만 흡연의 뒤를 이어 예방 가능한 암 발생의 두 번째 주요 요인이기도 하다. 흡연과 비만은 예방 가능한 암 50%의 발생 원인이 된다.

- 운동은 가장 기본적인 심장 질환 예방책이지만 암 발생도 10건 중 1건은 신체 활동 부족과 관련된 것으로 추정된다. 규칙적으로 운동하는 사람은 운동을 자주 하지 않는 사람보다 암에 걸릴 확률이 약 11% 낮다.

이 책에서 다루는 주제에는 대부분 거의 모든 사람이 따라 할 수 있는 실천법이 포함되어 있다. 여기에 설명된 접근법 중 일부는 주치의나 관련 의료 전문가와 협력해 실시해야 한다. 심장 전문의와 협력해야 하는 환자들도 소수 있긴 하지만, 대부분은 주치의와 협력해 거의 모든 활동을 스스로 할 수 있다.

심장이 건강하면 단지 심장병에 걸릴 위험만 줄어드는 게 아니라, 여러 다른 질환의 예방과 치료에도 유익하다. 이 점이 우리가 심장 건강을 가장 우선시해야 하는 이유다.

· **건강 수명** ·

나이에 따른 삶의 질을 측정하는 지표다. 건강 수명을 최적화하려면 신체 활동 능력과 인지 기능(치매에 걸리지 않은 상태)을 잘 유지하는 것을 목표로 해야 한다. 놀랍게도 수명을 늘리려고 노력하면 건강 수명도 저절로 늘어난다.

심장의 해부학적 구조

심장은 온몸에 혈액을 공급한다. 그리고 가장 중요하게도 자기 자신에게 혈액을 공급한다. 모든 장기 중 가장 중요한 심장의 다양한 구성 요소를 살펴보자.

심장은 여러 부분이 서로 협력해 잠시도 쉬지 않고 일하는 놀라운 기관이다. 심장은 가슴의 중앙, 양쪽 폐 사이에 위치한다. 종종 가슴 왼쪽에 있다는 오해를 받지만 거기서 심장 박동이 가장 뚜렷하게 느껴지는 것뿐이다.

심장의 구조

심장의 해부학적 구조를 이해하려면 이 장기의 구조와 여기서 일어나는 혈액 공급에 대해 알아야 한다. 심장에는 왼쪽과 오른쪽에 각각 2개씩 모두 4개의 중요한 방이 있다. 심방이라 불리는 위쪽 2개의 방은 얇은 벽으로 이루어진 구조로 몸의 다른 부위와 폐에서 흘러오는 혈액을 받아들인다. 심실이라 불리는 아래쪽 2개의 방은 근육으로 이루어진 구조로 혈액을 심장에서 몸의 순환계와 폐로 내보내는 역할을 한다.

각각의 방 사이에는 4개의 심장 판막이 존재한다. 심장의 오른쪽에는 삼첨판막이 우심방과 우심실을 분리하고, 폐동맥판막이 우심실 출구에 자리 잡고 있다. 심장 왼쪽에는 승모판막이 좌심방과 좌심실을 분리하고, 대동맥판막이 좌심실 출구에 자리 잡고 있다.

우심방에 혈액을 공급하는 주요 혈관은 하대정맥과 상대정맥으로 몸의 상반신과 하반신에서 혈액을 받아 심장으로 보낸다. 이렇게 모인 혈액은 오른쪽 심장에서 폐동맥을 통해 폐로 보내진 후 4개의 폐정맥을 따라 좌심방으로 돌아온다. 대동맥은 심장에서 나가는 주요 혈관으로 산소가 풍부한 혈액을 몸의 다른 부분으로 보낸다.

혈액이 대동맥을 따라 심장을 떠날 때 심장은 대동맥판막 바로 위에 있는 2개의 심장 동맥인 좌관상동맥과 우관상동맥을 통해 자체적으로 혈액을 공급받는다. 좌관상동맥은 좌주간부라고 하는 시작 부분에서 좌전하행동맥과 좌회선동맥으로 갈라져 주로 좌심실에 혈액을 공급한다. 우관상동맥 역시 후방하행동맥과 후외측동맥으로 갈라져 우심실과 좌심실에 혈액을 공급한다. 죽상경화증 또는 플라크(혈관 내에 쌓이는 퇴적물-옮긴이)가 생기는 곳이 바로 이들 동맥이다(28~31쪽 참조). 여기에 플라크가 쌓여 혈관이 막히면 심장 근육에 혈액이 공급되지 않아 심장마비가 발생한다.

심장의 해부학적 구조

• **심장 해부도**

그림 위쪽은 심장을 구성하는 혈관과 판막, 심방, 심실의 위치를 나타내고 아래쪽은 심장 동맥의 위치를 보여 준다.

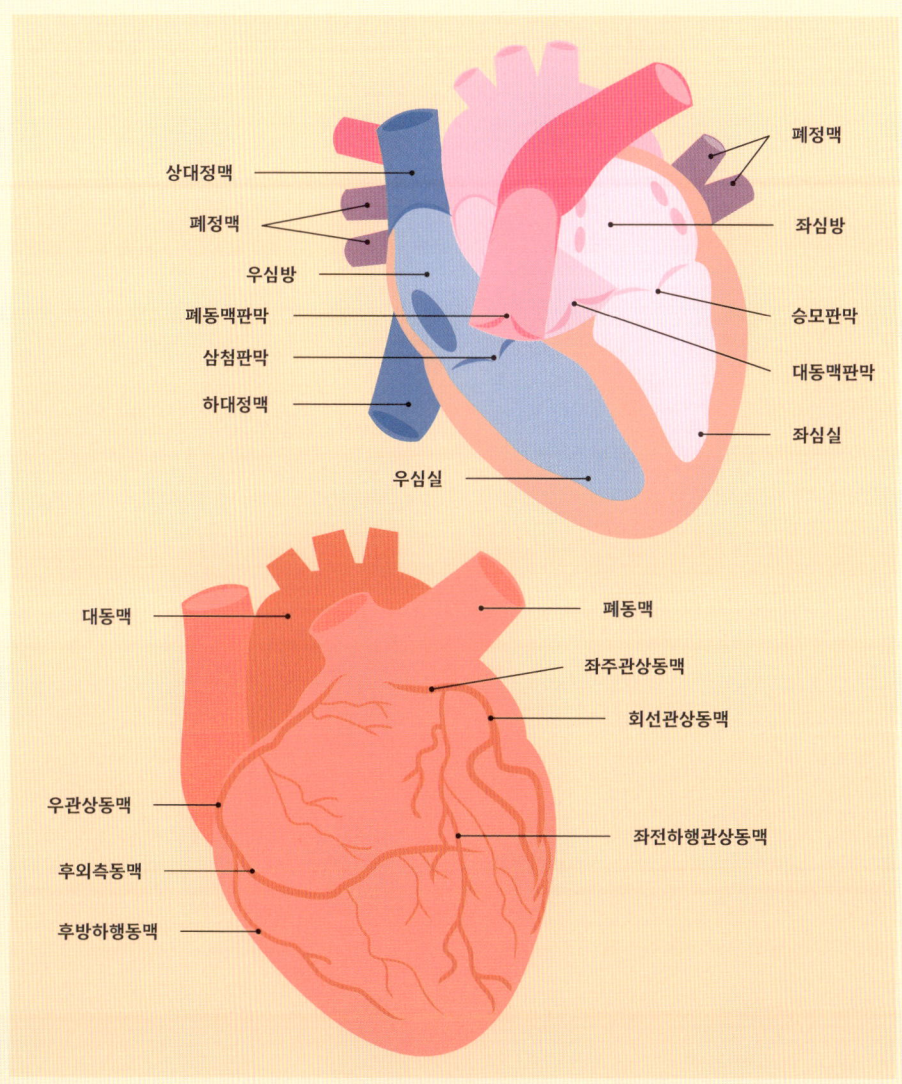

심장 기능 이해하기

심장은 수축하면서 내부에 모인 혈액을 짜내 정맥과 동맥을 통해
다른 장기와 세포로 보낸다. 이러한 펌프질이 심장의 주요 역할이다.

심장의 해부학적 구조(14~15쪽 참조)와 기능에 대한 이해는 심장에 영향을 미치는 요인들을 이해하는 데 매우 중요하다. 이는 더 나은 심장 건강을 위한 여정의 좋은 출발점이 될 것이다.

심장의 작동 방식

산소 함량이 낮은 혈액은 정맥에 모여 우심방으로 들어간다. 그런 다음 우심실로 흘러간 후 폐로 배출되

- **심장의 작동 원리**

혈액은 심장에 있는 4개의 방을 한 방향으로 흐르며 4개의 심장 판막을 통과한다. 이때 혈액은 우심방으로 들어가 우심실로 배출된 후 폐로 보내진다. 폐에서 산소를 충분히 공급받은 혈액은 폐정맥을 타고 다시 심장으로 돌아와 좌심방에 도달한 후 좌심실로 이동한다. 그리고 대동맥판막을 통과해 온몸으로 흘러나간다.

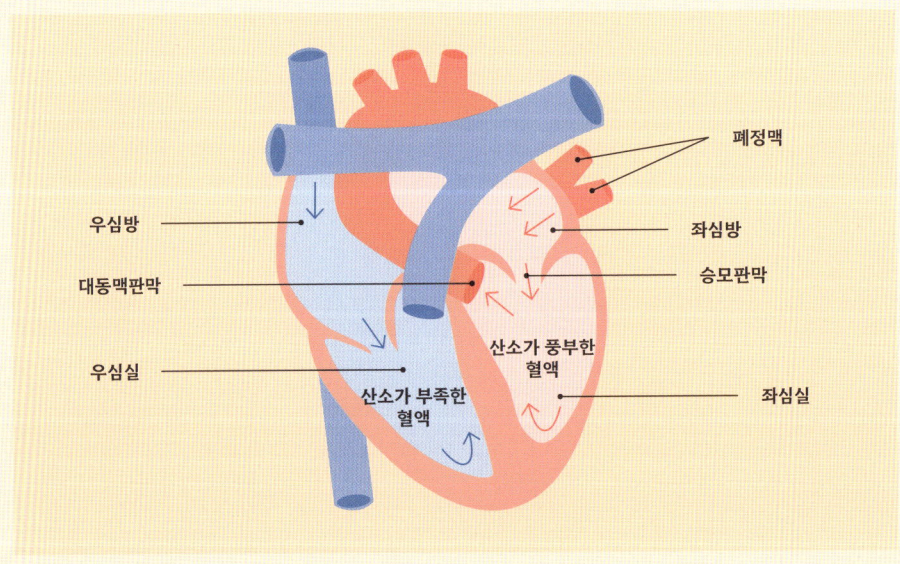

어 산소가 채워진다. 이렇게 산소가 풍부해진 혈액은 폐정맥을 통해 심장으로 돌아와 좌심방에 도달한 후, 승모판막을 통과해 좌심실로 흘러간다. 그리고 대동맥판막을 지나 심장 밖으로 배출되어 산소가 풍부한 혈액을 온몸에 공급한다. 이러한 과정은 주기적으로 끊임없이 반복되는데, 이때 심방과 심실이 한 차례 이완되어 혈액을 받아들이고 수축해 심장 밖으로 혈액을 배출하는 심장 박동은 일정한 리듬과 속도로 이루어진다.

심장이 제 기능을 하지 못할 때 생기는 증상

심장의 이완과 수축 기능이 심장마비나 다른 질환으로 영향을 받으면 심장의 전반적인 기능이 저하되어 심장기능상실이 발생한다(42~43쪽 참조). 심방과 심실을 분리하는 판막 또한 손상을 입을 수 있다. 판막이 일방향 판막으로서 기능하지 못하면 혈액이 원래 있던 방으로 역류할 수 있는데, 이를 혈액의 역류라고 한다. 그러므로 승모판 역류증이란 혈액이 좌심실에서 좌심방으로 역류하는 질환을 말한다.

역류량이 소량이면 일반적으로 큰 문제가 되지 않지만 역류가 심하면 심장 기능이 저하되고 추가 혈류를 받아들이는 방이 비대해질 수 있다. 판막은 대개 석회화(110~111쪽 참조)로 인해 좁아지는데, 그렇게 되면 같은 양의 혈액이라도 판막을 통과해 이동시키는 데 더 높은 압력이 필요하다. 이런 증상을 '협착증'이라고 하며 협착증이 생긴 심실이나 심방은 근육이 좁은 판막을 통과해 혈액을 배출해야 하므로 압력이 높아져 조직이 손상될 수 있다. 협착증이 있거나 역류가 일어나는 판막을 지나가는 혈액에 난류가 생기면 이상음이 나는데, 심장에 청진기를 대면 들을 수 있다.

정맥과 동맥의 역할

정맥은 우리 몸의 말단 부위 또는 폐에서 심장으로 혈액을 되돌려 보내는 혈관으로 보통 혈관 벽이 얇고 낮은 압력에서 작동한다. 일반적으로 정맥에는 죽상경화증이 생기거나 플라크(30~31쪽 참조)가 축적되지 않는다.

동맥은 혈액을 심장에서 전신으로 운반하는 혈관으로 혈관 벽이 두꺼운 근육으로 이루어져 있으며 죽상경화증에 가장 취약하다.

**평균 수명을 사는 동안 심장은
약 25억 번 수축과 팽창을 반복한다.**

심장병의 역사

고대인에게도 심혈관 질환이 있었을까? 아니면 현대인의 질병일까?
고대 이집트의 미라와 볼리비아의 수렵 채집인들을
살펴보면 이 질문에 대한 답이 보인다.

미라에 축적된 플라크

4,000년 전 고대 이집트의 미라를 조사한 호루스(Horus) 연구에서 컴퓨터 단층 촬영(CT)을 통해 미라의 심장 동맥과 다른 주요 혈관에 칼슘이 축적되어 있는지 알아보았다. 칼슘은 플라크 축적과 심혈관 질환 여부를 알아볼 수 있는 대리 척도가 되기 때문이었다.

CT 촬영 결과 미라의 34%에서 혈관 석회화가 발견되었다. 이는 낮은 수치로 보이지만 그들의 평균 수명이 40대 초반이었다는 사실을 고려하면 그렇지도 않다. 4,000년 전 심혈관 질환은 주요 사망 원인이었을 가능성이 낮지만 일부 개인들에게 영향을 준 것은 분명하다.

이와 같이 수천 년 전에 살았던 40대 초반의 사람들 3분의 1 이상이 심혈관 질환을 앓았다는 사실은 우리도 심혈관 질환을 피할 수 없다는 것을 의미하는 것이 아닐까? 앞에서 말했듯이 사람들 대부분은 언젠가 때가 되면 심혈관 질환을 얻게 되는 듯하다. CT 촬영을 통한 심장 동맥의 플라크 축적 검사에 따르면 현대인들은 대부분 중년이 되면 심장 동맥에 플라크가 쌓인다. 이는 CT 촬영 시 심장 동맥에 칼슘이 나타나는 것으로 알 수 있다.

칼슘 수치가 낮은 치마네족

반면 어떤 인종은 심혈관 질환을 앓는다는 증거가 거의 없다. 남미의 수렵채집 부족인 치마네족은 수렵채집인들이 수천 년 동안 살던 방식과 유사하게 생활한다. 이들의 심장을 CT 촬영한 결과 대부분 칼슘 수치가 매우 낮았고, 어떤 나이에서든 심각한 심장병의 징후를 보여 주는 예는 극히 소수였다.

4,000년 전의 미라와 현대인, 볼리비아의 치마네족이 서로 다른 이유는 아마도 생활양식에서 기인한 듯하다. 특권적인 생활을 누렸던 고대 이집트인들은 대다수의 현대인과 매우 비슷한 생활양식을 지녔을 것이다. 하지만 현대 볼리비아의 수렵채집인들은 심혈관 질환의 위험을 줄이는 데 필요한 생활 습관 요인들을 전부는 아니더라도 대부분 갖추고 있다.

치마네족에게서 배울 점

심혈관 질환은 수천 년 동안 우리와 함께해 왔다. 생활양식의 특성상 현대인은 심혈관 질환에 취약하다. 요즘 사람들은 대부분 남미의 수렵채집 부족처럼 생활하지 못하지만 치마네족을 거울삼아 올바른 생활 습관에 관심을 가지면 적어도 늦은 나이까지 심혈관 질환에 걸리지 않을 수 있다는 사실을 알 수 있다.

치마네족에게서 가장 배울 점은 심장병은 그 모든 위험 요인을 최적의 상태로 관리하면 매우 늦은 나이까지 발병을 늦출 수 있다는 것이다. 이렇게 심혈관 질환이 늦게 시작되는 것은 100세 넘게 장수하는 건강한 노인들에게서 볼 수 있는 전형적인 현상이다. 치마네족의 데이터는 장수 유전자가 없는 사람들도 대부분 심장병에 걸리지 않거나 삶의 후반부까지 발병을 지연시킬 수 있음을 시사한다.

치마네족 연구에서 밝혀진 사실은 저밀도(LDL) 콜레스테롤이나 혈압의 정상 수치가 지나치게 느슨하게 설정된 것은 아닌지 의심해 보고, 우리가 목표로 하는 혈압이나 LDL 콜레스테롤 수치를 지금보다 훨씬 더 낮은 수준으로 설정해야 한다는 것이다.

> **· 치마네족 연구 ·**
>
> 치마네족의 관상동맥 칼슘 점수를 검사한 연구 결과, 이들의 심장 질환 유병률이 매우 낮다는 사실이 밝혀졌다. 백인과 흑인, 히스패닉, 아시아계 남성과 여성으로 구성된 혼합 인종 집단의 관상동맥 칼슘 점수를 조사한 다른 연구와 비교했을 때 치마네족의 점수는 놀랍게도 매우 낮았던 것이다.

우리는 더 건강해지고 있을까?

심혈관 질환은 여전히 전 세계적으로 주요 사망 원인이다. 하지만 우리는 지난 70년 동안 눈부신 발전을 이루었다. 심혈관 질환으로 인한 사망률이 75% 넘게 감소한 것이다.

그렇다면 이것이 더 건강해지고 있다는 뜻일까? 전 세계적으로 흡연율이 줄어들고 혈압과 콜레스테롤을 더 잘 관리하게 되면서 심혈관 질환으로 인한 사망률이 감소하고 있다.

그러나 이런 긍정적인 변화가 반전되기 시작하는 것 같다. 흡연율은 크게 낮아졌지만 비만, 당뇨병, 대사 기능 장애의 증가로 심혈관 질환으로 인한 사망률이 더 높아지면서 지난 70년 동안 이룬 성과가 일부 물거품이 될지도 모르는 것이다. 하지만 흡연과 마찬가지로 이러한 요인들도 수정이 가능하다(54~55쪽 참조). 그러므로 심혈관 건강을 증진하기 위해 당신이 할 수 있는 일은 많다.

사회경제적 요인도 심혈관 질환 발병 위험의 주요 원인이다. 빈곤층 인구의 평균 수명은 그렇지 않은 사람들보다 10년 정도 짧다. 사회경제적 수준이 낮은 집단의 사람들은 비용을 감당할 수 있는 의료

• 1900년 이후 미국의 원인별 연령 보정* 사망률

심혈관 질환에는 심장병과 뇌졸중이 있는데, 두 질환 모두 시간이 흐르면서 크게 감소해 왔다. 1900년대 초반의 인플루엔자 사망률이 급격히 증가했던 시기는 1918년 스페인 독감이 유행하던 때였다.

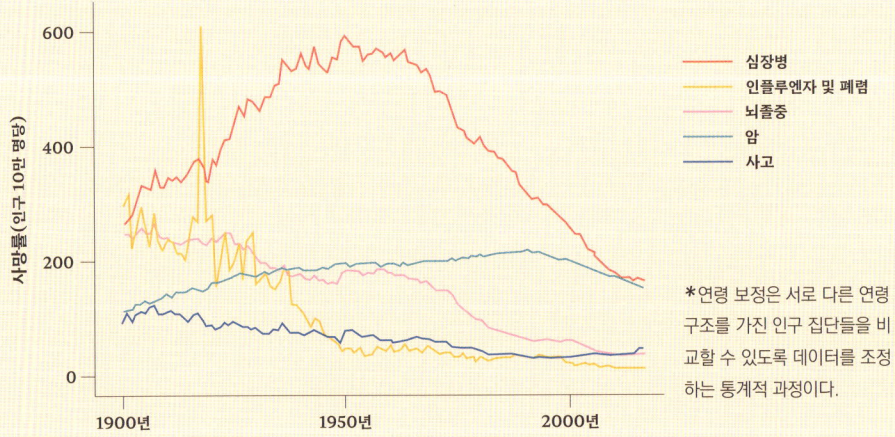

*연령 보정은 서로 다른 연령 구조를 가진 인구 집단들을 비교할 수 있도록 데이터를 조정하는 통계적 과정이다.

• 1999~2018년 미국 내 주요 건강 질환 추세

1999~2018년까지 심장병의 주요 위험 요인인 비만과 고혈당, 대사증후군이 꾸준히 증가해 왔다.

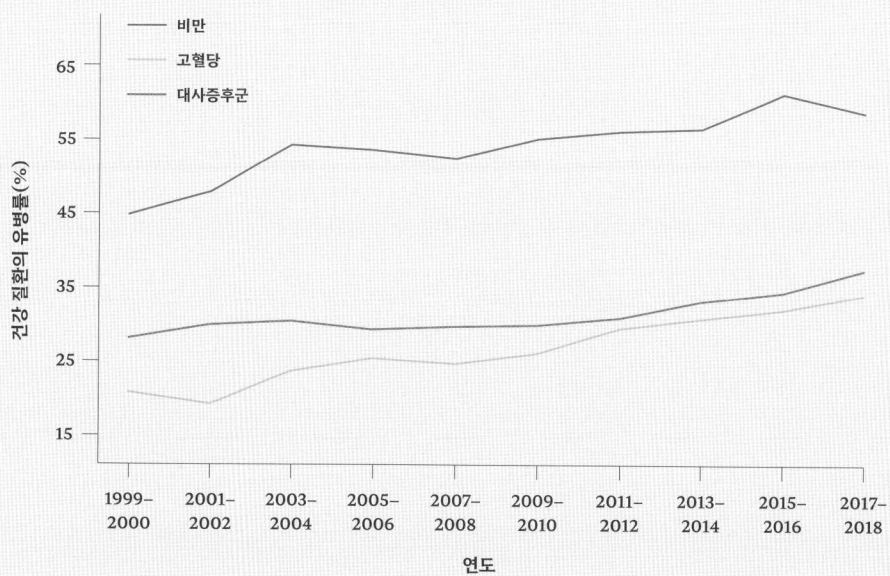

서비스가 얼마 없고, 자전거 도로 부족이나 식품 선택 제한 등 건강 증진을 위한 활동을 충분히 할 수 없는 환경에서 생활하기 쉽다. 이러한 환경을 크게 개선하려면 대개 정부 차원의 정책 변화가 필수적인데, 바뀐 정책이 시행되는 데는 시간이 오래 걸릴 수 있다.

그동안 우리는 자신만의 위험 요인이 '무엇'인지 파악하고 이를 줄이는 데 필요한 조치를 취해야 한다. 어떤 위험 요소가 있는지 알게 되면 자신과 가족의 건강을 최대한 돌보는 데 필요한 것들을 단계적으로 시작한다.

> **· 알고 있나요? ·**
>
> 요즘 영국에서 태어난 아기들은 기대 수명이 약 88세이며, 100세까지 생존할 확률은 15~20%에 달한다. 이 아기들이 1700년대 후반에 태어났다면 평균 기대 수명은 약 30세, 100세까지 생존할 확률은 1% 미만이었을 것이다.

심장병에 걸리지 않을 수 있을까?

**어떤 사람들은 90대, 심지어 100세까지 오랫동안 건강하게 산다.
그 비결은 무엇일까?**

심장병은 예방이 가능할까? 평생 심장병에 걸리지 않을 수 있는 어떤 공식이라도 있는 것일까? 정답은 '아니다'이다.

심혈관 질환이나 암, 치매와 같은 주요 만성 질환에 걸렸다는 명백한 징후 없이 100세까지 건강하게 사는 운 좋은 노인들은 극소수일 뿐이다. 그러면 이들은 무엇 때문에 사망하는 것일까? 흥미롭게도 이들 역시 대부분 심혈관 질환이나 암, 치매 등 다른 사람들과 같은 질환으로 사망한다. 하지만 발병 시기가 다른 사람들보다 약 20~25년 늦다는 것이 중요한 차이점이다. 대부분의 사람들은 거의 그렇지 않으니 말이다. 하지만 젊은 나이에 심장병에 걸리지 않도록 예방하고 발병을 되도록 늦추는 것은 기대해 볼 수 있다.

우리가 더 오래 살면서도 주요 만성 질환에 걸리지 않도록 예방하는 데 있어 건강한 100세 노인들은 중요한 모델이다. 뒤에서 자세히 설명하겠지만(5장 128~173쪽 참조) 이는 건강한 식단을 따르고, 담배를 피우지 않거나 끊고, 알코올 섭취를 제한하고, 규칙적으로 운동하고, 스트레스를 줄임으로써 달성할 수 있다.

· **좋은 유전자** ·

당신이 90세 넘게 살 확률은 얼마나 될까? 장수의 비결이 완전히 밝혀진 것은 아니지만 비교적 젊은 나이에 건강에 문제가 생길 가능성을 최소화하는 몇 가지 유전적 요인이 작용할 가능성이 높다. 중요한 사실은 오래 사는 사람들의 건강 관련 생활 습관을 조사해 보면 많은 이들이 대부분의 요즘 사람들보다 더 나쁜 건강 관련 습관을 가지고 있다는 것이다. 122세에 사망한, 기록상 가장 오래 살았던 잔느 칼망은 평생 담배를 피웠다. 그렇다고 해서 우리 모두 담배를 피워야 한다는 말이 아니다. 잔느는 운 좋게도 흡연으로 인한 질병의 위험으로부터 자신을 보호하는 일련의 유전적 요인을 가지고 있었을 것이다. '건강 수칙'을 따르지 않는데도 장수를 누리는 사람은 어디에나 있다. 하지만 우리같이 평범한 사람들은 운이 좋지 않을 가능성이 높다. 그렇다고 실망하지는 말자. 놀라운 유전자가 없더라도 더 오래 살기 위해 할 수 있는 일은 엄청나게 많으니까.

• 건강한 노인의 늦은 심장병 발병 시기

때가 되면 누구나 심각한 심장병에 걸리게 된다. 여기서 핵심은 발병 시기를 최대한 늦추는 것이다. 100세 넘게 건강하게 사는 노인들은 다른 사람들보다 평균적으로 약 20~25년 늦게 심장병에 걸린다. 우리는 질병을 유발하는 위험 요인을 적극적으로 관리함으로써 질병 발병 시기의 이러한 '단계 이동'을 모방할 수 있다.

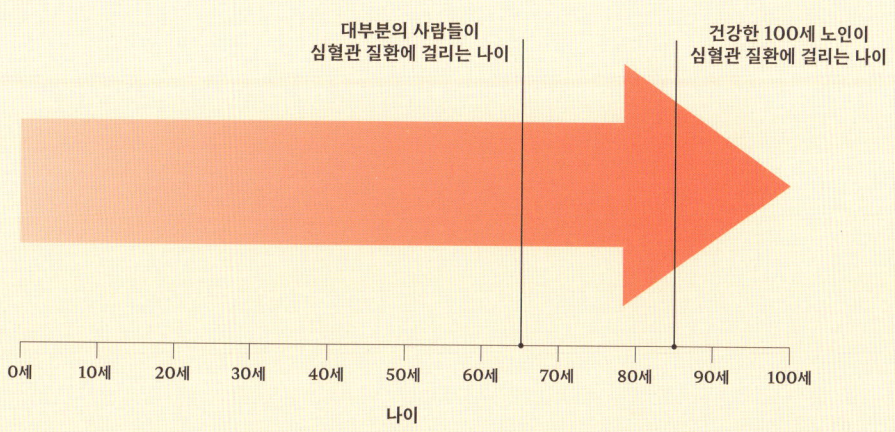

위험 요인 줄이기

오늘날 유럽, 미주, 아시아, 오세아니아 지역의 평균 기대 수명은 70~80세다. 심혈관 질환의 위험 요인을 얼마나 많이 가지고 있고, 어떻게 관리하느냐에 따라 심혈관 질환이 발생할 가능성이 있는 나이가 결정된다. 100세 넘게 건강하게 사는 노인들을 보고 배워야 할 점은 심혈관 질환에 걸리고 나서야 이를 해결하려고 애쓰기보다 심혈관 질환을 유발하는 위험 요인을 관리하는 데 노력을 집중해야 한다는 것이다.

이미 심혈관 질환에 걸린 경우, 그 영향을 줄이기 위해 할 수 있는 일도 많지만 가장 좋은 방법은 애초에 심혈관 질환을 유발하는 위험 요인을 적극적으로 피하고 관리해 발병을 최대한 늦추는 것이다.

이러한 위험 요인에는 흡연, 고혈압, 당뇨병, 복부비만, 사회적·심리적 스트레스 요인, 영양 부족, 신체 활동 부족, 고콜레스테롤 등이 있으며 이들은 모두 이 책에서 다루게 될 것이다.

많이 하는 질문들

심장 박동이 느리면 건강에 좋지 않을까?

일반적으로는 그렇지 않다. 어지럽거나 쓰러지는 증상이 없다면 정상일 가능성이 크다. 심장은 평생 평균 25억 번 뛰는데, 뛰는 속도가 느리면 느릴수록 더 오래 살 수 있다.

•

심장은 가슴 왼쪽에 있을까 오른쪽에 있을까?

심장은 가슴 한가운데 있다. 심장의 주요 펌프실인 좌심실은 주로 심장 박동을 가장 쉽게 느낄 수 있는 왼쪽에 있다. 때문에 사람들은 심장이 왼쪽에 있다고 생각하는 것이다.

•

밤에 누우면 귓속에서 맥박이 느껴진다. 괜찮은 것일까?

괜찮다. 심장에서 뇌로 가는 혈액의 주요 공급원인 경동맥이 귀 바로 옆을 지나간다. 따라서 조용한 밤에 옆으로 누우면 동맥의 맥박을 느낄 수 있으며, 때로는 혈액이 흐르는 소리가 들리기도 한다. 이는 전혀 문제가 되지 않는 정상적인 현상이다.

•

운동할 때 심장이 너무 빨리 뛰면 위험할 수도 있을까?

일반적으로 그렇지 않다. 운동 중 도달할 수 있는 최대 심박수는 나이가 들면서 감소한다. 젊은 성인의 경우 최대 심박수가 분당 200회까지 올라갈 수 있다. 심장 박동이 그렇게 빠르다고 해도 매우 오랜 시간 동안 유지하지 않는 한 본질적으로 위험하지는 않다.

심장의 크기는 얼마나 될까?

일반적으로 주먹만 하다. 어릴 때는 더 작고, 다 자란 후에는 성인이 되어서도 같은 크기를 유지한다. 매우 강도 높은 운동을 하는 운동선수라면 심장 근육이 비대해질 수 있는데, 이로 인해 심장 리듬에 장애가 생길 위험이 다소 증가하기도 한다. 인간에 비하면 대왕고래의 심장은 버스 두 대만큼까지도 커질 수 있다!

●

심장병은 노인에게만 문제가 될까?

부검을 통한 연구에서 심장병의 초기 단계는 어린 시절에도 나타날 수 있다는 것이 밝혀졌다. 관상동맥 질환이 심장마비로 나타나기까지는 수십 년이 걸릴 수 있지만 그 예방에 대해 생각해야 할 시기는 젊을 때다.

●

심장 건강은 남성과 여성이 다를까?

여성은 남성보다 심장병에 약 10년 정도 늦게 걸리는 경향이 있지만, 항상 그런 것은 아니다. 유전적으로 콜레스테롤 장애가 있는 여성은 같은 나이의 남성과 거의 비슷한 시기에 심장병에 걸릴 수 있다. 45세가 되기 전에 폐경을 한 여성도 심장병에 걸릴 위험이 높다.

●

심장은 하루에 몇 번이나 뛸까?

평균 심장 박동이 분당 60회라고 가정하면, 심장은 하루에 최소 8만 6,000회 이상 뛴다. 안정된 상태에서 심장은 평균 분당 5~6리터의 혈액을 펌프질하지만 운동 중에는 양이 증가해 35리터가 넘는다.

Chapter 2

심장병이란 무엇인가?

심장병의 정의

심장병은 심장에 혈액을 공급하는 관상동맥에 플라크가 쌓여
시간이 지남에 따라 심장마비의 위험이 증가하는 것을 말한다.

플라크가 쌓이는 현상을 의학적으로 죽상경화증이라고 한다. 죽상경화증은 신체의 어느 동맥에서나 발생할 수 있지만 특히 심장에 혈액을 공급하는 동맥에 형성되면 관상동맥 질환이라고 한다. 이는 궁극적으로 3명 중 1명꼴로 심장마비를 겪거나 사망에 이르게 하는 질환이다.

동맥 이해하기

심장병을 이해하려면 먼저 동맥의 해부학적 구조와 기능을 이해해야 한다. 동맥은 콜레스테롤 입자가 든 혈액을 온몸으로 운반한다(56~57쪽 참조). 동맥 벽의 가장 안쪽에 형성되어 있는 얇은 세포층은 콜레스테롤 입자가 동맥 벽을 통과하지 못하도록 막아 혈관 내에 남을 가능성을 줄여 준다.

- **동맥 벽 해부도**

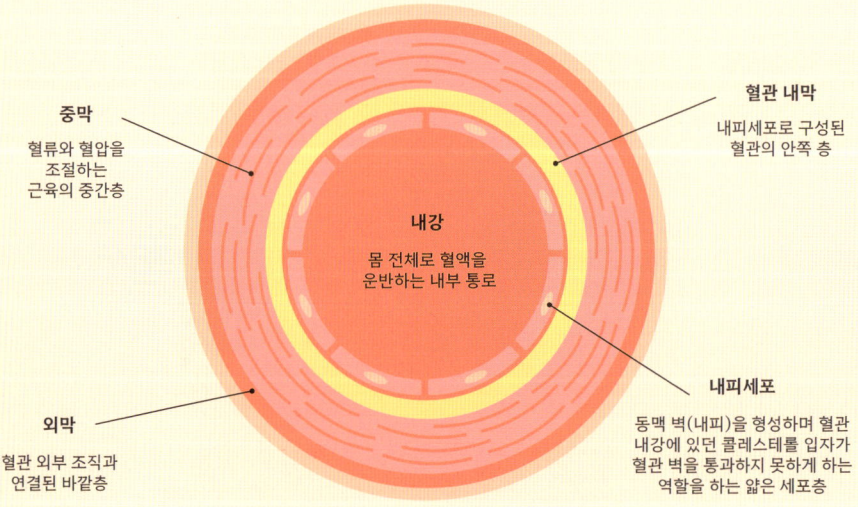

중막
혈류와 혈압을
조절하는
근육의 중간층

외막
혈관 외부 조직과
연결된 바깥층

내강
몸 전체로 혈액을
운반하는 내부 통로

혈관 내막
내피세포로 구성된
혈관의 안쪽 층

내피세포
동맥 벽(내피)을 형성하며 혈관
내강에 있던 콜레스테롤 입자가
혈관 벽을 통과하지 못하게 하는
역할을 하는 얇은 세포층

> · 동맥의 경화 ·
>
> 죽상경화증의 영문 표기는 'atherosclerosis'다. 그리스어에서 유래한 이 용어에서
> '아테로(athero)'는 죽이나 반죽을, '스클레로시스(sclerosis)'는 경화, 즉 딱딱해지는 상태를 뜻한다.
> 이 때문에 죽상경화증이 흔히 '동맥경화증', 즉 동맥이 딱딱해지는 질환이라고 불리는 것이다.

이 내피층이 흡연이나 고혈당, 고혈압과 같은 요인들에 의해 손상되면 동맥 벽을 넘어오는 콜레스테롤 입자가 증가한다. 콜레스테롤 입자가 동맥 벽을 통과하는 방식과 이유는 아직 잘 알려지지 않았지만 대부분 세포횡단수송(물질이 세포의 내부를 거쳐 이동하는 과정-옮긴이)과 관련이 있다고 생각된다. 이 과정에서 콜레스테롤 입자가 세포를 통해 동맥 벽의 내피 하층으로 운반되는 것이다.

콜레스테롤이 일단 내피층 아래 갇히면 염증 반응을 일으키는데, 이것이 동맥 벽에 죽상경화증이 시작되는 첫 단계다.

- **죽상경화증이 생기는 과정**

혈관 내강을 통해 이동하는 콜레스테롤 입자들이 손상된 동맥의 내피층 아래 갇히고 시간이 흐르면 동맥 벽 안에 플라크가 쌓이게 된다.

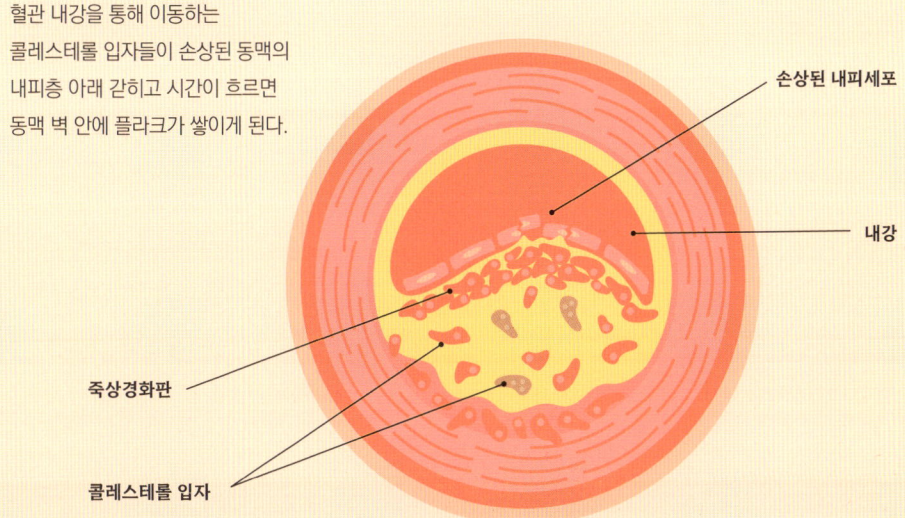

플라크 축적 과정

플라크 또는 죽상경화증은 여러 단계에 걸쳐 진행된다. 초기 단계의 플라크는 지방줄무늬라고 불린다. 하지만 시간이 지나면서 플라크가 더 진행되면 상태가 불안정해져 심장마비를 일으킬 위험이 커진다.

콜레스테롤 입자가 동맥 벽 안에 갇히게 되면 신체의 면역 체계가 이를 공격하기 시작한다. 포식세포라는 면역 세포가 콜레스테롤 입자를 섭취한 후 세포자멸사라는 과정을 통해 죽게 된다. 이렇게 죽은 세포를 거품세포라고 하며, 이들이 결합해 죽상경화증의 초기 단계인 지방줄무늬를 형성하기 시작한다.

시간이 지나면서 이 지방줄무늬가 커지면 섬유 지방 플라크인 섬유죽상종이라는 전형적인 죽상경화

- **플라크의 진행 과정**

심장마비는 예고 없이 찾아오지만 이를 유발하는 질환인 죽상경화증은 수십 년에 걸쳐 서서히 진행되는 질환이다. 동맥 안에 형성된 플라크는 초기에는 지방줄무늬로 나타난다. 하지만 시간이 지남에 따라 크기가 커지면서 섬유죽상종으로 발전하고, 결국 괴사핵이 있는 취약한 대형 플라크로 변하게 된다. 이러한 플라크는 파열되면서 심장마비를 일으킬 위험이 있다.

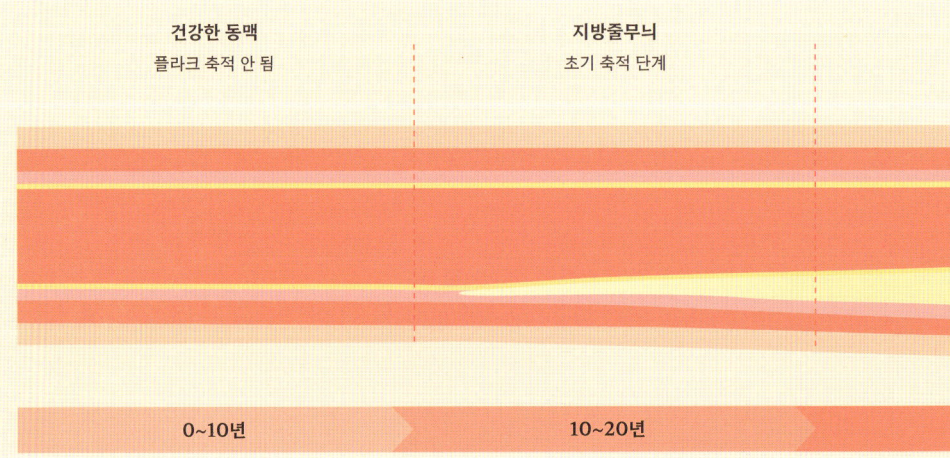

건강한 동맥
플라크 축적 안 됨

지방줄무늬
초기 축적 단계

0~10년

10~20년

병변이 형성된다. 이 부위에는 칼슘 침착물도 축적되는데 이는 CT 촬영과 같은 의료 영상에 나타나 동맥의 경화 정도를 판단하는 유용한 지표로 사용될 수 있다. 이 시점에서 동맥의 더 깊은 층인 중간층의 민무늬근세포가 플라크 축적 부위와 동맥의 내피층 사이로 이동해 플라크와 혈액이 흐르는 동맥 내강 사이에 장벽을 형성하기 시작한다.

이 과정이 계속되면서 플라크는 죽은 세포를 축적해 괴사핵을 형성한다. 플라크는 동맥 내강의 혈류를 방해하지 않기 위해 동맥 내강에서 먼 방향으로 쌓여나간다. 하지만 더 이상 내강에서 멀어질 수 없게 되면 내강을 침범하기 시작해 동맥의 직경이 좁아지게 된다.

글라고브 현상이라고 하는 이 과정은 대부분 수면 아래 잠긴 빙산이 성장하는 것과 유사하다. 이는 죽상경화판이 혈류를 방해하는 것으로 보일 때는 이미 오랜 시간 동안 플라크가 성장해 왔을 가능성이 크다는 것을 의미한다.

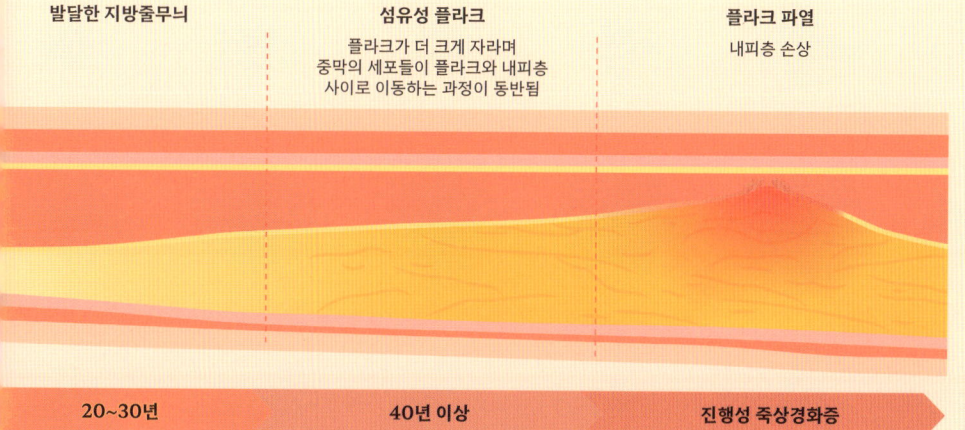

심장병은 언제 시작되는가?

사람들은 대부분 심장병을 노인들의 문제라고 생각하지만 사실 매우 젊은 나이에 시작될 수 있다. 이르면 어린 시절에도 시작될 수 있으며, 때로는 그보다 더 일찍 시작되기도 한다.

죽상경화증이 젊은 나이, 심지어 아주 어린 나이에도 시작될 수 있다는 사실에 놀랄 수 있지만 당신이 지금 몇 살이든 오늘 실천하는 것들이 당신의 심장을 보호하는 데 도움이 될 수 있으므로 제대로 알아두는 게 중요하다. 아울러 자녀의 건강을 지켜 주려면 부모들도 이 사실을 알아야 한다.

심장병 때문은 아니지만 어린 나이에 사망한 사람들의 심장 동맥을 부검해 보니 플라크가 아주 어린 나이부터 쌓이기 시작하고 있었다.

이식에 사용되는 심장은 매우 건강한 상태여야 하므로 머리 손상이나 교통사고 등 심장과 관련 없는 문제로 사망한 젊은 사람에게서 채취하는 경우가 많다. 초음파를 사용해 이들의 동맥 벽을 검사한 결과 평균 나이 33세의 심장 이식 기증자 중 52%에서 심각한 죽상경화증이 발견되었으며, 13~19세 사이의 기증자 중 17%에도 이미 진행된 플라크 축적의 증거가 있었다.

출생 직후 심장병과 무관한 이유로 사망한 신생아

- **심장병이 발견되는 나이**

플라크는 수십 년에 걸쳐 축적된다. 심장 이식 기증자에게 특수 초음파 검사를 실시해 보면 젊은 성인의 관상동맥에서도 초기 단계의 플라크를 발견할 수 있다.

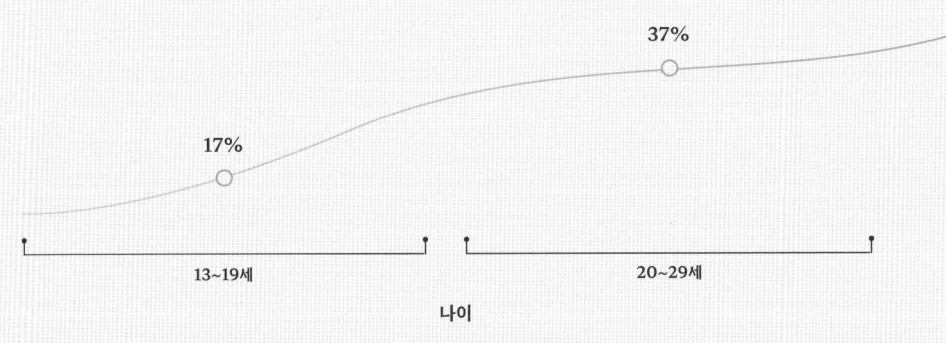

의 심장 동맥에서도 가장 초기 단계의 플라크 축적의 흔적이 발견된 바 있다. 죽상경화증은 이렇듯 아주 어릴 때부터 시작되어 평생 계속 진행되는 과정인 것이다.

10년에 걸쳐 플라크의 유무를 확인하기 위해 CT 검사를 진행한 결과, 75세 이후인 인생 후반기에 상당히 진행된 플라크가 전혀 없는 사람은 전체의 15%도 되지 않았다. 게다가 이 15%의 사람들조차도 동맥을 현미경으로 들여다보면 초기 단계의 플라크가 축적된 증거가 발견될 가능성이 높다. 이 모든 사실이 말해 주는 바는 명확하다. 죽상경화증은 아주 어린 나이, 심지어 아기 때부터 시작되어 80대에 이르면 대부분 상당히 진행된 상태에 이르게 된다는 것이다. 따라서 심장 건강에 주의를 기울이는 것은 더 이상 '나중'으로 미룰 일이 아니다.

> **· 젊은 성인의 심장 검사 ·**
>
> 조기 심장병에 관한 연구는 대부분 심장 관련 질환이 아닌 다른 원인으로 사망한 젊은 성인의 관상동맥을 대상으로 이루어진다. 한국전쟁 중 사망한 젊은 군인의 심장을 평가한 초기 연구에서는 매우 심각한 수준의 조기 심장병이 발견되었다. 이후 이라크와 아프가니스탄 전쟁에서 사망한 사람들을 대상으로 한 연구에서는 조기 심장병이 덜 발견되었다는 고무적인 결과가 나왔다.

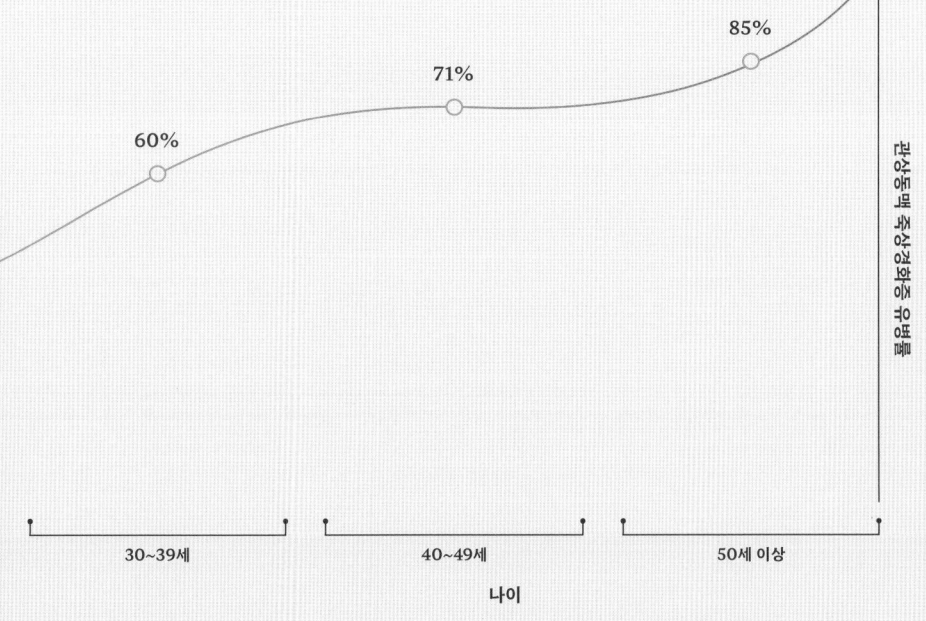

심장병의 증상

심장병이 있을 때 가장 나중에 나타나는 것이 증상이다.
그러므로 증상이 나타나기를 기다렸다가 심장병에 주의를
기울이려 한다면 건강을 돌볼 수 있는 중요한 시간을 잃는 셈이다.

만약 관상동맥에 플라크가 축적되어 증상이 나타난다면, 이는 플라크 축적이 매우 진행된 상태임을 의미한다. 일반적으로 플라크가 너무 광범위하게 축적되어 관상동맥을 막고 심장 근육으로 가는 혈류를 방해하는 상태가 증상으로 나타나는 것이다. 이러한 혈액 공급의 감소는 특히 운동 중에 더 두드러지는데 그로 인해 가슴에 통증이 생기고 호흡이 곤란해진다. 이러한 증상이 있는 경우 이를 유발하는 플라크는 아마 수년간 축적되어 왔을 것이다.

- **심장병은 어떤 증상으로 나타날까?**

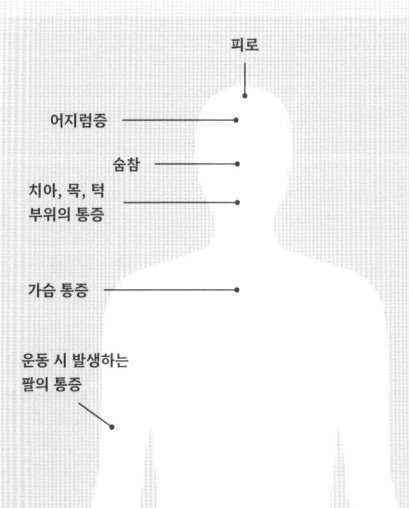

피로
어지럼증
숨참
치아, 목, 턱 부위의 통증
가슴 통증
운동 시 발생하는 팔의 통증

가슴 통증

관상동맥이 막혀 발생하는 가슴 통증을 일반적으로 협심증(가슴조임증)이라고 한다. 이는 보통 가슴을 죄는 느낌이나 밴드로 졸라매는 듯한 느낌으로 묘사되며, 운동을 할 때 심해졌다가 휴식을 취하면 나아진다. 그리고 턱이나 치아, 팔로 이 느낌이 퍼지는 경우가 흔하다. 하지만 이는 협심증의 한 가지 증상일 뿐 숨이 차거나 메스꺼움이나 피로, 속 쓰림 같은 증상이 자주 나타나기도 한다. 남성은 일반적으로 전형적인 가슴 통증 증상을 보이는 반면 여성은 메스꺼움이나 피로, 소화불량과 유사한 증상을 경험할 가능성이 더 크다.

휴식 중에 발생하는 협심증 증상은 특히 정도가 심하고 15분 이상 계속되는 경우 심장마비나 혈관을 전부 또는 일부 막을 수 있는 갑작스러운 플라크 파열의 조짐일 수도 있다. 이런 증상이 나타나면 응급 상황으로 여기고 즉시 의료 지원을 받아야 한다. 심장마비의 경우 '시간이 곧 근육'이다. 이는 동맥으로 가는 혈류를 복구하는 데 시간이 오래 걸릴수록 심장 근육이 손상될 가능성이 커진다는 말이다.

갑자기 나타나는 증상

그렇다면 왜 전날까지는 아무런 증상이 없다가 다음 날 갑자기 증상이 나타나는 것일까?
 사람들은 대부분 관상동맥에 플라크가 일정한 속도로 서서히 쌓인다고 생각한다. 일부 그런 경우도 있지만 대부분의 동맥은 예고 없이 갑자기 좁아진다. 이는 초기에는 비교적 작은 크기의 플라크가 증상 없이 파열되었다가 치유되는 과정을 반복하기 때문이다. 그러다 갑자기 혈관이 좁아지는 현상이 발생하는 것이다. 플라크는 혈류를 상당히 방해하는 상태에 이를 때까지 파열되었다 치유되는 과정을 여러 번 거친다.

숨겨진 파열과 치유

심장병 병력이 없었지만 갑자기 심장마비로 사망한 환자 중 60% 이상에서 이전에 파열되었다가 치유된 플라크의 흔적이 발견되었다. 이들 중 다수는 치유된 플라크를 최대 5개까지 가지고 있었는데, 이들 대부분은 증상이 전혀 없었을 가능성이 크다.
 우리는 심장병의 증상을 인지하는 것도 중요하지만 증상을 관찰하는 것만으로는 한계가 있음을 인식해야 한다. 따라서 애초에 플라크가 형성되거나 진행되지 않도록 방지하거나 속도를 늦추는 데 훨씬 더 적극적인 태도를 보여야 한다.

심장병의 여러 가지 증상

심장 및 동맥과 관련된 질환들의 증상은 다음과 같이 다양한 방식으로 나타난다.

심장기능상실

심장 및 동맥과 관련된 질환들의 증상은 다양하며, 일반적으로 운동 시 점점 숨이 심하게 가빠지거나 밤에 똑바로 누웠을 때 발목에 체액이 정체되거나 피로감이 커지는 것으로 나타난다. 이에 대한 자세한 내용은 42~43쪽을 참조하라.

두근거림

흔히 심장이 뛰는 것을 인지하는 것으로, 특히 목을 지나는 주요 혈관인 경동맥과 가까운 귀에서 더 강하게 느껴질 수 있다. 두근거림은 때때로 맥이 한 번 더 뛰는 것 같거나 순간적으로 '건너뛰는' 것처럼 느껴질 수 있다. 더 심하면 심장이 갑자기 매우 빠르고 종종 불규칙한 속도로 뛰기 시작하기도 한다. 특히 이러한 증상이 호흡곤란이나 가슴 통증, 의식을 잃을 것 같은 느낌과 함께 나타난다면 즉시 응급실을 찾아야 한다.

파행

다리 동맥이 좁아지는 현상을 가리키는 용어다. 빠르게 걷거나 언덕을 오를 때 종아리나 엉덩이에 통증이 생겼다가 쉬면 나아지는 특징이 있다. 더 심하면 밤에 발이 얼음처럼 차갑게 느껴질 수 있으며, 혈액 순환을 위해 발을 침대 밖으로 쭉 뻗는 행동을 자주 하게 된다. 이러한 증상이 나타나면 말초동맥 질환이 진행된 단계라고 봐야 한다.

심장마비란 무엇인가?

관상동맥 내 플라크로 인한 합병증은 사망으로 이어질 수도 있다.
가장 심각한 합병증은 심장마비로 심장에 혈액이 충분히 공급되지 못해
심장이 더 이상 기능할 수 없게 되는 것이다.

심장마비는 의학적으로 심근경색이라고 하며, 관상동맥에서 플라크가 파열되면서 발생한다. 파열된 플라크에서 나온 물질이 혈액과 만나 혈전을 형성하고, 혈전이 혈관을 막아 혈류가 차단되는 것이다.

혈액을 충분히 공급받지 못한 심장은 근육이 괴사하기 시작한다. 이 과정에서 심장의 전기적 시스템이 교란되어 제대로 작동하지 않게 되는데, 이것이 곧 심장마비로 이어질 수 있다. 플라크 파열과 심장마비의 위험은 플라크가 많을수록 커진다. 따라서 심장마비의 위험을 줄이기 위한 핵심 목표는 관상동맥 내 플라크의 양을 최소화하는 것이다.

취약한 플라크와 심장마비

관상동맥 내 플라크는 안정형과 불안정형으로 나뉜다. 두꺼운 섬유질로 덮인 안정형 플라크는 파열될 가능성이 낮아 보통 동맥 내 혈전 형성을 유발하지 않는다. 반면 취약한 플라크로도 알려진 불안정형 플라크는 대개 얇은 섬유막으로 덮여 있어 쉽게 파열될 수 있다. 플라크가 파열되면 혈전이 형성되어 심근경색으로 이어지기 매우 쉽다. 하지만 플라크가 쉽게 파열되는 이유는 아직 명확히 밝혀지지 않았다.

취약한 플라크는 동맥 내 혈류를 크게 방해하는 상태가 아니어도 언제든 파열될 수 있다. 플라크 파열과 그로 인한 심장마비를 유발하는 것으로 잘 알려진 요인들로는 갑작스러운 감정적·신체적 스트레스와 코카인 흡입 등이 있다. 하지만 얇은 섬유막으로 덮인 불안정형 플라크도 시간이 지나면서 더 안정적인 플라크로 바뀔 수 있다.

사전 증상이 없는 심장마비

대부분의 플라크는 관상동맥을 70% 이상 막고 있지 않아도 심장마비를 유발할 수 있다. 따라서 심장마비가 발생하기 전까지 별다른 증상이 나타나지 않을 가능성이 크다. 이런 이유로 어떤 증상이 나타나기를 기다리기보다 심혈관 질환의 위험을 줄이려는 노력이 중요하다.

플라크 파열이 모두 심장마비를 일으키는 것은 아니다. 파열된 플라크는 많은 경우 치유되지만 그로 인해 관상동맥은 서서히 좁아진다. 사전 경고 없이 심장마비로 갑자기 사망한 사람들을 부검해 보면 많은 경우 파열되었다가 치유된 플라크가 여러 개 발견된다.

다행히도 이제는 비침습적인 방법으로 플라크 축적 상태를 평가하고, 이를 통해 더 적극적으로 동맥 내 플라크를 안정화함으로써 심장마비의 위험을 줄일 수 있게 되었다.

• 안정형 플라크와 취약한 플라크, 파열된 플라크와 치유된 플라크

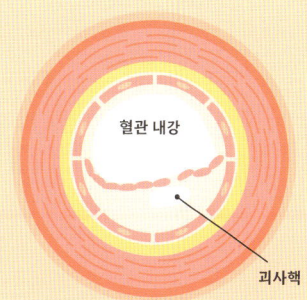

안정형 플라크

두꺼운 섬유막으로 덮여 있으며 괴사핵이 작은 경우가 많다. 두꺼운 섬유막 때문에 파열될 가능성이 훨씬 낮다.

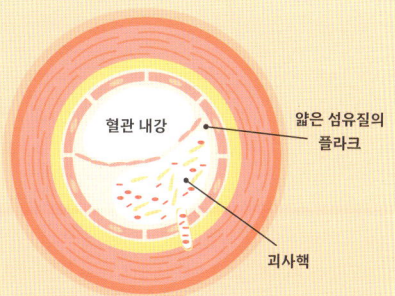

취약한 플라크

매우 얇은 섬유막으로 덮여 있으며 괴사핵이 큰 경우가 많아 파열되어 심장마비를 일으킬 가능성이 훨씬 높다.

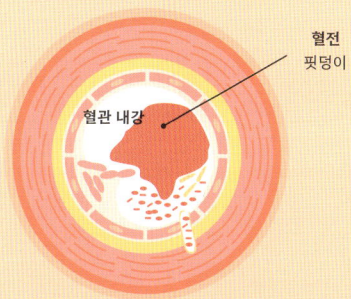

파열된 플라크

플라크의 막이 파열되면 괴사핵의 내용물이 동맥의 혈액과 접촉하게 되어 혈전이 형성되고, 이로 인해 혈류가 방해를 받는다. 플라크 파열이 모두 심장마비를 일으키는 것은 아니며, 파열된 플라크는 치유되는 경우가 많다.

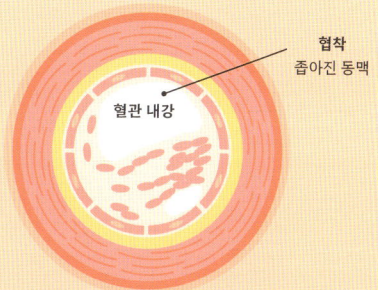

치유된 플라크

플라크가 파열되면 새로운 섬유막층이 형성되면서 치유될 수 있다. 이 과정은 같은 플라크에서 여러 번 반복될 수 있으며 대부분 증상 없이 진행된다.

뇌졸중

뇌졸중은 뇌에서 발생한다. 하지만 심장과 뇌의 건강은 분명히 서로 연관되어 있다.
이제 뇌졸중의 두 가지 주요 원인과 이와 관련된 위험 요소들을 살펴보자.

뇌혈관 질환은 뇌로 가는 혈류가 차단되어 발생하는 여러 가지 상태를 가리키는 용어다. 주요 질환은 뇌졸중으로 다음 두 가지 주요 유형이 있다.

- 허혈성 뇌졸중 – 전체 뇌졸중의 80%
- 출혈성 뇌졸중 – 전체 뇌졸중의 20%

이 두 가지 유형을 좀 더 자세히 살펴보자.

• 뇌졸중의 유형

뇌에 가해지는 손상은 모두 뇌졸중을 유발할 수 있지만, 일반적으로 뇌로 가는 혈관이 막히거나 터져 출혈이 생길 때 발생한다. 어느 경우든 뇌졸중은 뇌에 산소가 제대로 공급되지 못해 발생하게 되는 것이다.

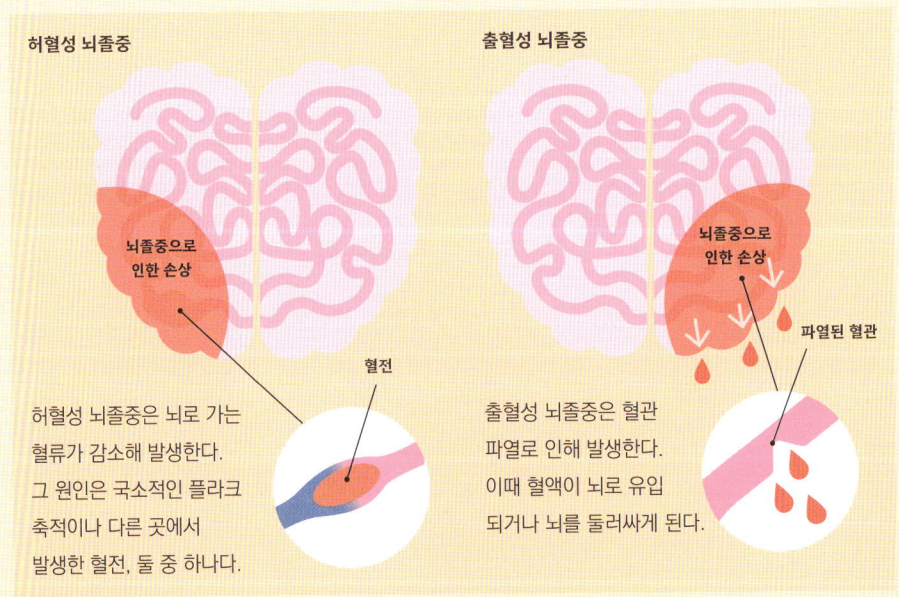

허혈성 뇌졸중

뇌졸중으로 인한 손상

혈전

허혈성 뇌졸중은 뇌로 가는 혈류가 감소해 발생한다. 그 원인은 국소적인 플라크 축적이나 다른 곳에서 발생한 혈전, 둘 중 하나다.

출혈성 뇌졸중

뇌졸중으로 인한 손상

파열된 혈관

출혈성 뇌졸중은 혈관 파열로 인해 발생한다. 이때 혈액이 뇌로 유입되거나 뇌를 둘러싸게 된다.

허혈성 뇌졸중

허혈성 뇌졸중은 뇌에 혈액을 공급하는 혈관이 막히면서 발생하며, 대부분 해당 동맥의 죽상경화증으로 생긴다. 뇌에 혈액을 공급하는 동맥도 심장으로 가는 관상동맥과 마찬가지로 죽상경화증이 진행될 수 있으며 원인은 모두 같다. 따라서 다음과 같은 조치를 통해 심장의 죽상경화증 위험을 줄이면 뇌졸중의 위험도 함께 낮출 수 있다.

허혈성 뇌졸중은 대개 플라크 파열로 인해 발생하며 과정은 심장마비와 같다(36~37쪽 참조). 혈전은 플라크가 있던 자리에서 생성되어 혈관을 막을 수도 있고, 거기서 떨어져 나와 돌아다니다 다른 더 작은 혈관을 막을 수도 있다. 그 밖에도 더 작은 동맥에서 플라크가 점점 커지면서 혈관을 막아 뇌졸중을 일으킬 수도 있다. 원인이 무엇이든 죽상경화증이 근본적인 문제로 작용하는 경우가 대부분이다.

허혈성 뇌졸중은 신체의 다른 부위에서 생성된 혈전이 뇌로 이동해 동맥을 막으면서 발생하기도 한다. 이러한 유형의 뇌졸중을 색전성 뇌졸중이라고 하며, 가장 흔한 원인 중 하나는 심방세동으로 심장에서 형성된 혈전이다(44~45쪽 참조).

출혈성 뇌졸중

출혈성 뇌졸중은 뇌 안에서 일어나는 출혈로 인해 발생한다. 이러한 출혈은 주로 혈관 손상에서 비롯되며 원인은 대부분 고혈압이다. 또한 동맥류로 알려진 약해진 혈관 부위가 파열되거나 머리에 외상이 가해진 후에도 출혈이 발생할 수 있다.

뇌졸중 예방하기

뇌졸중을 예방하는 방법은 심장 질환을 예방하는 방법과 거의 같다. 혈압을 잘 관리하고, 정상 체중과 콜레스테롤 수치를 유지하며, 활동적으로 생활하고, 담배를 피우지 않는 것이 뇌졸중 예방의 핵심이다.

뇌졸중은 종종 심장마비보다 더 두려운 병으로 여겨진다. 하지만 다행히도 뇌졸중을 예방하는 것이 심장마비 예방에도 도움이 된다.

· 알고 있나요? ·

수축기 혈압이 정상 수치에서 20mmHg 높아질 때마다 뇌졸중으로 사망할 위험이 2배씩 증가한다.

뇌혈관 질환 또는 뇌졸중은 심혈관계 질환으로 인한 사망의 15%를 차지한다.

말초혈관 질환

죽상경화증은 신체의 모든 동맥에 영향을 미칠 수 있다. 다리에 혈액을 공급하는 혈관에 플라크가 쌓일 때, 이를 말초혈관 질환(PVD)이라고 한다.

말초혈관 질환은 대략 절반의 경우 증상이 나타나지 않는데, 증상이 있을 때는 다음과 같이 여러 가지 방식으로 나타날 수 있다.

- 걸을 때 종아리나 엉덩이에 통증이 생기고 쉬면 나아진다.
- 특히 밤에 발이 차가워진다.
- 다리의 상처나 피부가 잘 회복되지 않는다.
- 발의 맥박이 약하다.
- 발이나 발목에 피부 궤양이 생긴다.

- 건강한 다리 동맥과 플라크가 축적된 다리 동맥 비교

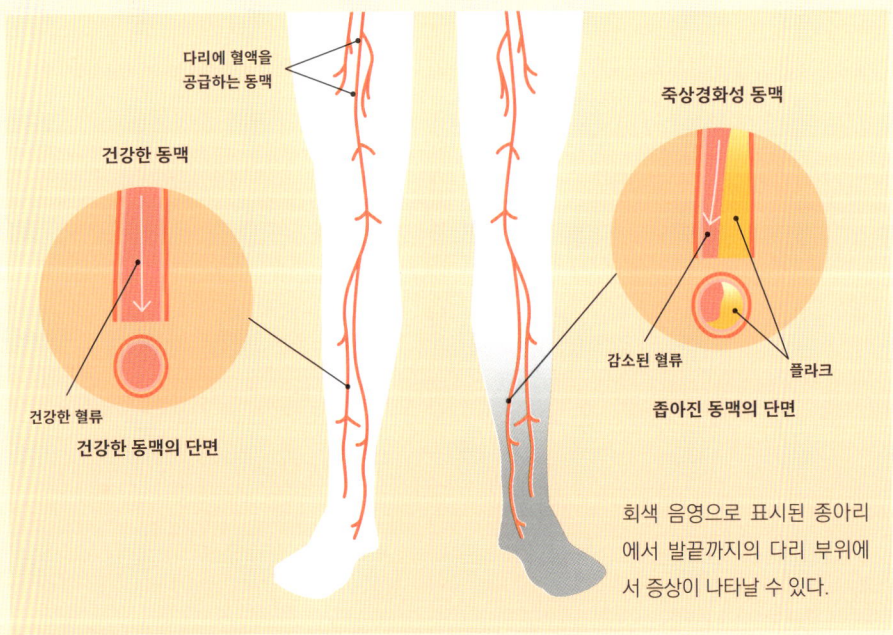

회색 음영으로 표시된 종아리에서 발끝까지의 다리 부위에서 증상이 나타날 수 있다.

더 심한 경우 말초혈관 질환으로 인해 발 조직이 괴사하면 해당 부위를 절단해야 할 수도 있다. 이러한 사례들은 매우 심각한 경우에 해당하지만 보통 예방이 가능하다.

말초혈관 질환은 어떻게 생길까?

관상동맥 질환과 마찬가지로 말초혈관 질환을 유발하는 두 가지 주요 요인은 흡연과 제2형 당뇨병이다. 이 두 가지 요인은 대부분 예방이 가능하다. 하지만 말초혈관 질환이 있다면 관상동맥 질환이 있을 가능성도 매우 크다.

진단과 치료

말초혈관 질환을 진단하는 방법은 매우 간단하다. 발의 맥박을 검사하면 플라크가 얼마나 많이 축적되어 있는지 효과적으로 판단할 수 있는데, 많은 경우 하체와 상체의 혈류를 비교하는 발목상완 혈압지수(ABPI)라는 전용 초음파 검사가 시행된다.

말초혈관 질환의 주요 치료법은 관상동맥 질환의 치료법과 대체로 동일하다. 금연과 활동량 늘리기, 혈압 및 콜레스테롤, 당뇨병의 적절한 관리가 강조된다. 하지만 가장 좋은 접근법은 예방으로, 관상동맥 질환을 유발하는 생활 습관 요인에 주의를 기울이면 말초혈관 질환의 위험을 절반으로 줄일 수 있다.

말초혈관 질환의 주요 치료법은
관상동맥 질환의 치료법과 동일하다.

심장기능상실

심장기능상실은 보통 심각한 관상동맥 질환이나 관상동맥 질환을 유발하는 위험 요인의 결과로 발생한다. 다행인 것은 심장병의 위험 요인을 관리하면 심장기능상실의 위험도 함께 감소한다는 사실이다.

심장기능상실은 심장 기능이 손상되어 심장 또는 다른 장기에 산소를 충분히 공급하는 능력이 저하된 상태를 말한다. 심장의 기능은 주요 펌프 역할을 하는 좌심실을 통해 혈액을 이동시키는 능력에 기반한다(14~15쪽 참조). 일반적으로 심장 박동 한 번에 심장에서 배출되는 혈액의 양은 좌심실에 모인 전체 혈액의 절반 이상으로, 이를 '박출률(EF)'이 50%를 초과한다고 정의한다.

심장 기능 저하

심장 기능이 손상되면 박출률이 50% 미만, 더 심각한 경우에는 30% 미만으로 떨어질 수 있다. 또한 심장이 한 번 뛰고 난 후 좌심실 근육이 제대로 이완하지 못할 때도 심장 기능이 영향을 받을 수 있다. 이 경우에는 박출률이 50% 이상으로 유지되어 '박출률 보존 심장기능상실(HF-PEF)'이라고 한다.

심장기능상실의 가장 흔한 원인은 중증 관상동맥 질환과 고혈압, 기타 심장 질환을 일으키는 위험 요인들이다. 또한 심장 판막 이상이나 그 밖의 희귀한 질환도 원인이 될 수 있다.

심장기능상실의 증상은 다음과 같다.

- 숨 가쁨
- 다리 부종
- 피로 증가
- 똑바로 누웠을 때 숨이 차는 증상

· 심장기능상실 등급 ·

박출률에 따른 심장기능상실의 유형은 다음과 같다.

박출률 40% 미만으로 감소

의학적으로 위중한 상태로 심각한 합병증 발생의 위험을 줄이려면 여러 가지 약물을 병용해야 한다.

박출률 40~50%로 경도 감소

심장 기능이 약간 저하된 상태로 보통 치료를 위해 일부 약물이 필요하다.

박출률 50% 초과 유지

심장기능상실 증상이 나타나지만 심장의 충전 능력(심장이 이완하는 동안 좌심실에 혈액을 받아들이는 능력-옮긴이)에 문제가 있는 경우를 말한다.

검사 및 치료

심장기능상실 여부를 확인하려면 의사의 진찰과 함께 검사가 필요하다. 여기에는 BNP라는 혈액 검사와 심장의 기능을 직접 측정하는 심장 초음파 검사가 포함된다.

심장기능상실 치료는 지난 10년간 큰 발전을 이루어 여러 치료법을 통해 증상을 완화하고, 심장 기능을 향상시키며, 사망 위험을 줄일 수 있게 되었다. 무엇보다도 중요한 점은 금연과 규칙적인 운동, 정상적인 혈압·콜레스테롤·체중·혈당 유지와 같은 건강한 생활 습관을 실천하면 심장기능상실의 위험을 50% 이상 줄일 수 있다는 사실이다.

• **심장기능상실이 발생한 심장의 모습**

심장 기능 저하는 보통 관상동맥에 플라크가 축적되거나 심장 판막이 손상되어 발생한다. 명확한 원인을 찾을 수 없는 경우도 있는데, 이를 비허혈성 심근병증이라고 한다. 일반적으로 심장기능상실이 발생한 심장은 심실이 확장되고 심벽이 얇아지며 수축력이 감소한다. 반면 박출률 보존 심장기능상실은 심장이 수축 기능은 정상이지만 근육이 두꺼워지고 혈액을 받아들이기 위한 이완 기능에 문제가 있는 상태에서 발생한다.

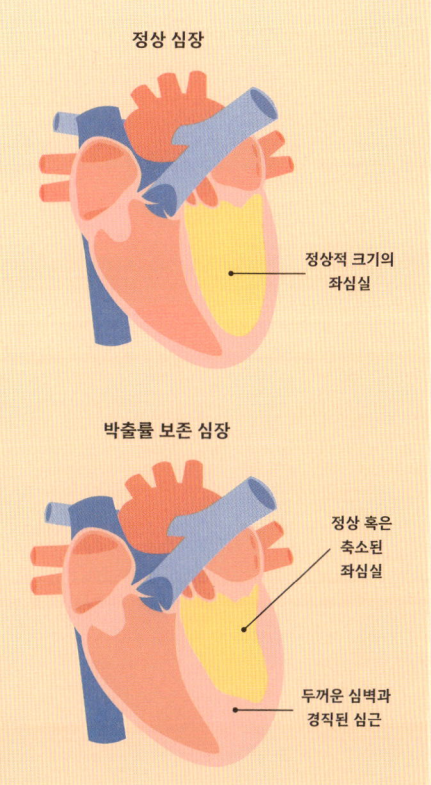

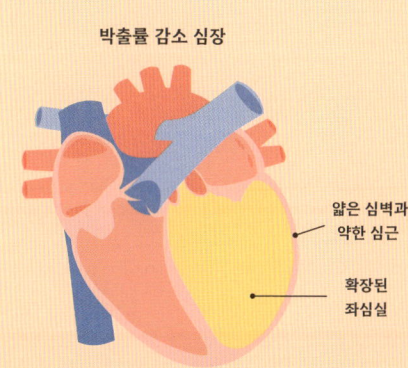

심방세동

가장 흔하게 발생하는 심각한 심장 박동 장애로
중증 장애를 초래하는 뇌졸중 발생률을 높이는 요인이다.

심방세동은 심장의 위쪽에 있는 방인 심방이 제대로 수축하지 않을 때 발생한다(14~15쪽 참조). 이러한 상태에서는 심장에서 형성된 혈전이 뇌로 이동해 뇌졸중을 일으킬 가능성이 커진다. 이유는 완전히 밝혀지지 않았지만 심방세동으로 발생한 뇌졸중이 더 심각한 신경학적 기능 장애를 초래한다. 많은 경우 이러한 뇌졸중은 적절한 혈액 응고 방지제를 사용함으로써 예방할 수 있다.

90대까지 생존 시 심방세동에 걸릴 확률은 3분의 1이며, 60~80세의 약 10%는 이 질환을 진단받는다. 심방세동의 가장 흔한 원인은 고혈압이며, 고혈압 환자는 정상 혈압인 사람에 비해 이른 나이에 심방세동에 걸릴 확률이 거의 2배 더 높다.

증상 및 진단

심방세동은 오랜 기간 지속되기도 하고 간헐적으로 발생했다 사라지기도 해서 진단이 어려울 수 있다. 주요 증상은 심장이 불규칙하게 뛰고 있다는 느낌이지만 많은 경우 증상이 전혀 없어서 병을 알지 못해 치료하지 못하는 경우가 많다.

심방세동을 진단하는 가장 좋은 방법은 심전도(ECG)를 통해 심장의 전기적 신호를 확인하거나 24~48시간 동안 심장 리듬을 기록하는 홀터 모니터 검사를 하는 것이다. 간단히 손목에서 맥박을 확인하는 것도 유용한 방법이 될 수 있다. 이때 만약 30초 동안 맥박이 매우 불규칙한 것 같으면 주치의와 상담해 심장 리듬을 모니터링하고 심방세동 여부를 확인해야 한다.

스마트폰으로 심장을 모니터링하는 것만으로도 충분할까?

최근에는 스마트폰과 연결해 심전도를 기록할 수 있는 기기들이 온라인에서 판매되고 있고, 스마트워치에도 같은 기능이 다수 내장되어 있다. 이러한 기술은 증상이 간헐적으로 나타나거나 가정에서 관찰해야 할 때 매우 유용하다.

심방세동이 발견되고 뇌졸중 위험이 상당히 크다고 판단되면 일반적으로 뇌졸중 위험을 줄이기 위해 혈액 응고 방지제가 처방된다. 하지만 올바른 생활 습관을 유지하고 적절한 운동과 함께 체중과 혈압, 혈당을 제대로 관리하면 심방세동 발병 위험을 50% 이상 줄일 수 있다.

- **정상 심장과 심방세동이 발생한 심장의 심전도 기록**

정상적인 심전도 기록은 P파(심방이 수축할 때의 전기 신호)와 QRS 복합파(심실이 수축할 때의 전기 신호), T파(심실이 이완할 때의 전기 신호)로 구성된다. 심방세동이 있을 경우 심방의 전기적 활동이 혼란스러워지면서 P파가 여러 개의 F파로 대체되고 QRS파도 불규칙해진다.

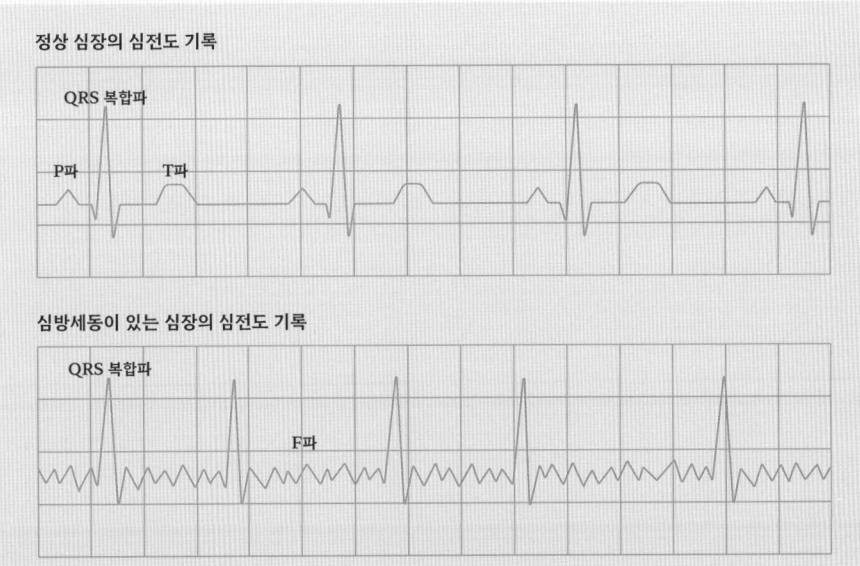

치매

모든 치매의 거의 절반은 예방할 수 있다. 건강한 심장은 보통 건강한 뇌를 의미하므로 심장 질환의 위험 요소들을 해결하면 치매 예방이 가능하다.

인지 기능이 점진적으로 상실되는 질병인 치매는 종종 심장병이나 암보다 더 두려운 질병으로 여겨진다. 치매가 심장병은 아니지만 치매 위험을 증가시키는 요소와 심혈관 질환의 위험을 증가시키는 요소는 대체로 같다. 따라서 심장병의 위험을 줄이면 치매의 위험도 줄일 수 있다.

치매에는 다음 두 가지 주요 유형이 있다.

- 혈관성 치매 – 발병 사례의 10~20%
- 알츠하이머성 치매 – 발병 사례의 60~80%

다른 유형들로는 루이소체 치매나 전두측두엽 치매가 있는데 발생 빈도는 훨씬 낮다.

알츠하이머성 치매는 뇌에 아밀로이드 플라크와 타우 단백질 엉킴이 쌓이는 특징이 있으며, 혈관성 치매는 반복적인 소뇌졸중으로 인한 뇌 손상으로 유발된다. 하지만 이들 치매는 모두 우리가 관리할 수 있는 공통 위험 요인을 가지고 있다. 최근 일부 약물이 희망적인 결과를 보여 주었지만 효과는 미미하므로 예방에 중점을 두어야 한다.

관리 가능한 치매 위험 요인

치매 위험의 60%는 아직 원인을 알 수 없지만, 나머지 40%는 우리가 영향을 미칠 수 있다. 다음은 개인이 관리함으로써 치매 발생 위험을 낮출 수 있는 통제 가능한 요인들이다.

혈압

수축기 혈압이 140mmHg보다 높은 상태가 장기간 지속되면 모든 종류의 치매 위험이 2배로 증가하며, 130mmHg 이상일 경우에도 위험이 증가한다. 따라서 젊었을 때부터 혈압을 안정적인 수치로 관리하는 것이 중요하다.

흡연

담배를 피우지 않는 사람들이 혈관성 치매에 걸릴 확률이 낮다는 사실은 놀랄 일이 아니다. 이들은 알츠하이머성 치매 발생률도 낮다.

대사증후군과 당뇨병

제2형 당뇨병과 인슐린 저항성은 심혈관 질환의 주요 위험 요인일 뿐만 아니라 두 가지 치매와도 크게 관련이 있다. 당뇨병이 있으면 알츠하이머성 치매 위험은 56%, 혈관성 치매 위험은 127% 증가한다. 대사증후군은 알츠하이머성 치매의 발병 위험을 3배 증가시키며, 혈관성 치매의 위험도 크게 높인다.

아포지단백 E4형(APOE4) 유전자

APOE4 유전자 변이는 치매 발병 위험을 2배에서 10배까지 증가시킨다. 그런데 전체 인구의 25% 이상이 최소 1개 이상의 APOE4 유전자 변이를 보유하고 있다. APOE4 유전자 변이가 있어 치매에 걸릴 위험이 크다 해도, 앞에서 언급한 위험 요인들을 잘 관리하면 그러한 위험을 상당히 줄일 수 있다.

운동 부족

운동은 심혈관 질환과 치매의 위험을 줄이는 가장 강력한 방법 중 하나다. 체력이 평균 수준인 사람들에 비해 체력이 좋지 않은 사람은 치매 위험이 41% 나 높다. 반면 체력이 좋은 사람은 44년 이내에 치매에 걸릴 위험이 78%까지 줄어든다.

기타 치매 위험 요인

- 과도한 음주
- 사회적 고립
- 청력 손실
- 우울증
- 대기 오염
- 낮은 교육 수준(인지 자극 부족)

치매는 치료 방법이 제한적이므로
예방이 매우 중요하다.

심장병의 다양한 얼굴

심장병이란 주로 심장 동맥에 플라크가 축적되는 것을 의미하지만
이 외에도 다양한 심장 질환들이 있다.

이 책의 내용은 심장 건강에 관한 것이다. 심장 건강이 나빠지는 가장 큰 원인은 관상동맥 질환이나 플라크 축적이다. 하지만 아마도 다른 심장 질환이 수천 가지는 될 것이다. 그런데 대부분은 이 책에서 다루고 있지 않다.

여기서 우리는 주로 관상동맥 질환과 예방법에 대해 알아보고 있다. 그 이유는 관상동맥 질환이 가장 흔한 형태의 심장병으로서 가장 큰 사망 원인으로 꼽히기 때문이다. 그렇다고 다른 심장병들이 모두 중요하지 않다는 것은 아니다. 이들 또한 그 병을 앓는 사람들에게는 전적으로 중요한 문제다. 불행히도 많은 경우 이러한 질환들은 예방할 수 없기 때문에 미리 피할 방법이 거의 없다. 대신 가능한 한 최선을 다해 관리해야 한다.

흔한 심장 질환 세 가지

다음은 관상동맥 질환과 관련이 없는 대표적인 심장병이다.

이엽성 대동맥판막증

가장 흔한 선천성 심장 질환으로 태어날 때부터 존재한다. 심장 왼쪽에서 나가는 혈류를 조절하는 역할을 하는 대동맥판막은 일반적으로 3개의 판막으로 구성되는데, 전체 인구의 약 1%는 이 판막이 2개다. 이는 혈류에 난류를 일으켜 판막을 손상하므로 젊은 나이에 대동맥판막을 교체해야 할 수도 있다.

심실상 빈맥(SVT)

심장의 윗부분인 심방이 매우 빠르게 수축과 이완을 반복해 발생하는데, 심박수가 종종 분당 200회에 이르기도 한다. 비교적 흔한 질환이긴 하지만 고주파 절제술이라는 침습성 시술로 치료할 수 있다. 이 시술은 높은 심박수를 유발하는 비정상적인 전기 신호의 경로를 태워 없애는 방식으로 이루어진다.

대동맥류

동맥류는 혈관이 비정상적으로 확장되는 상태를 말한다. 심장에서 나오는 주요 혈관인 대동맥에서 발생하면 흉부 대동맥류라고 하고, 복부 부위 대동맥에서 발생하면 복부 대동맥류라고 한다. 혈관이 심하게 확장되면 이를 되돌리는 수술이 필요할 수 있다.

- **삼엽성 대동맥판막과 이엽성 대동맥판막**

혈류는 대동맥판막에 의해 조절된다. 아래 그림은 대동맥판막의 위치와 판막이 3개인 정상 판막과 판막이 2개인 이엽성 대동맥판막이 어떻게 다른지 보여 준다.

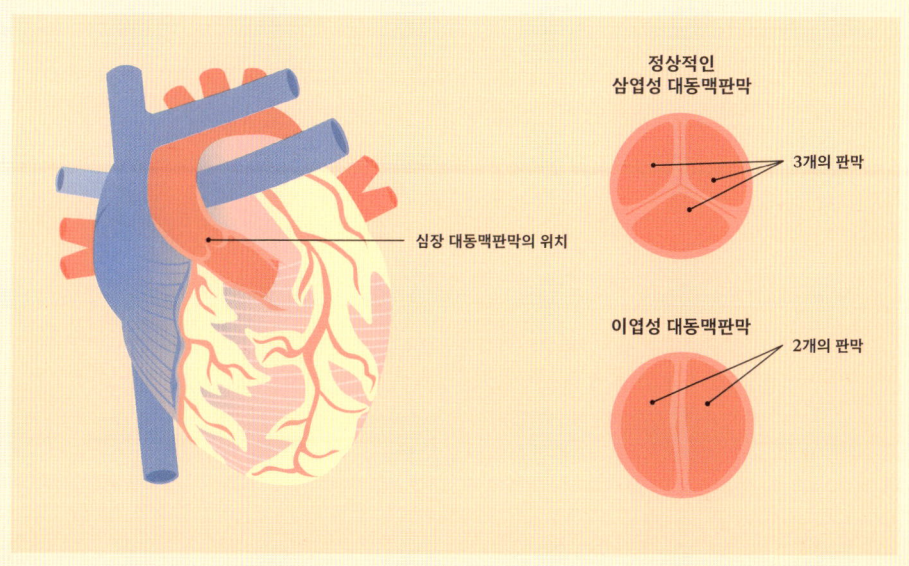

희귀한 심장 질환 세 가지

앞서 소개한 질환들은 비교적 흔한 편이다. 하지만 훨씬 더 희귀한 심장 질환들도 존재한다. 이들 중 일부는 선천적이고, 일부는 어린 나이에 발병할 수 있다.

우심장증

희귀한 선천성 심장 기형으로 심장이 가슴의 왼쪽이 아닌 오른쪽을 가리킨다. 그러나 환자들은 자신이 이러한 상태라는 사실을 모르고 지내는 경우가 많다.

발육 부전성 좌심 증후군

이 선천성 심장병은 심장의 왼쪽 부분이 제대로 발달하지 않는 것이다. 이 병을 지닌 아기들은 보통 어린 나이에 교정하기 위한 수술을 받아야 한다.

가와사키병

이 희귀한 염증성 질환은 보통 5세 미만의 어린이에게 발생한다. 때때로 여러 개의 작은 동맥류가 관상동맥에 형성될 수 있는데, 성인이 되어서야 발견되는 경우가 많다.

많이 하는 질문들

심장 질환과 심혈관 질환의 차이점은 무엇일까?

심장 질환은 보통 관상동맥에 플라크가 축적되는 상태를 말하지만 실제로는 심장 판막 질환에서부터 심장의 전기적 시스템 문제로 인한 심장 박동 문제까지 수천 가지의 '심장 질환'이 있을 수 있다. 심혈관 질환에는 심장 질환뿐만 아니라 심장 외부의 혈관 질환도 포함된다. 예를 들어 뇌나 하체에 혈액을 공급하는 동맥에 플라크가 축적되는 등의 질환이 심혈관 질환에 해당한다.

•

심장마비와 심정지의 차이점은?

심장마비는 심장 근육에 혈액 공급이 차단되어 근육이 죽는 상태로 해당 동맥에 혈전이 형성되어 발생한다. 반면 심정지는 심장에 전기를 공급하는 시스템에 이상이 생겨 심장이 제대로 기능하지 못하게 되는 상태를 말한다. 심장마비는 심정지의 가장 흔한 원인이지만 유일한 원인은 아니다.

•

왜 심장마비는 아무런 경고 없이 발생할까?

심장마비는 갑자기 발생하지만 이를 일으키는 질병은 갑자기 나타나지 않는다. 동맥에 쌓인 죽상경화성 플라크가 터지면 혈전이 형성되어 결국 심장마비를 초래하는데, 이때 플라크는 아마도 수년간 쌓여 왔을 것이다. 죽상경화증은 수년 동안 진행되는 질환이지 하루아침에 발병하는 질환이 아니다.

청소년이 심장마비로 사망하는 이유는?

젊은 사람이 갑자기 사망하는 경우, 보통 그 원인은 심장의 전기 회로에 문제가 생긴 것이지 관상동맥에 플라크가 쌓여서가 아니다. 이는 심정지에 해당하며, 매우 드문 일이지만 종종 '심장마비'로 잘못 표현되곤 한다. 실제로 젊은 사람들은 심장마비가 아니라 심정지로 사망하는 것이며 두 경우는 서로 다르다.

•

콜레스테롤이 낡은 수도관처럼 동맥을 '막는 것'일까?

아니다. 이런 비유는 콜레스테롤 입자가 혈관 벽의 안쪽에 쌓이는 것처럼 말하지만 사실은 그렇지 않다. 콜레스테롤 입자는 혈관 내막을 통과해 그 아래층으로 스며들어가 염증 반응을 일으킨다. 이 과정에서 콜레스테롤 입자가 그곳에 갇히게 되고, 그 결과 플라크가 혈관 내막 바깥에서 안쪽으로 서서히 침범해 자라는 것이다.

•

심장마비 후 죽은 심장 근육은 다시 자랄 수 있을까?

손상된 간은 거의 완전히 재생될 수 있지만 심장은 그렇지 않다. 심장마비로 죽은 심장 근육은 다시 자라지 않는다. 심장 기능은 다른 부위를 강화해 개선할 수 있지만 대체로 죽은 심장 근육은 그대로 유지된다. 이 때문에 예방이 매우 중요한 것이다.

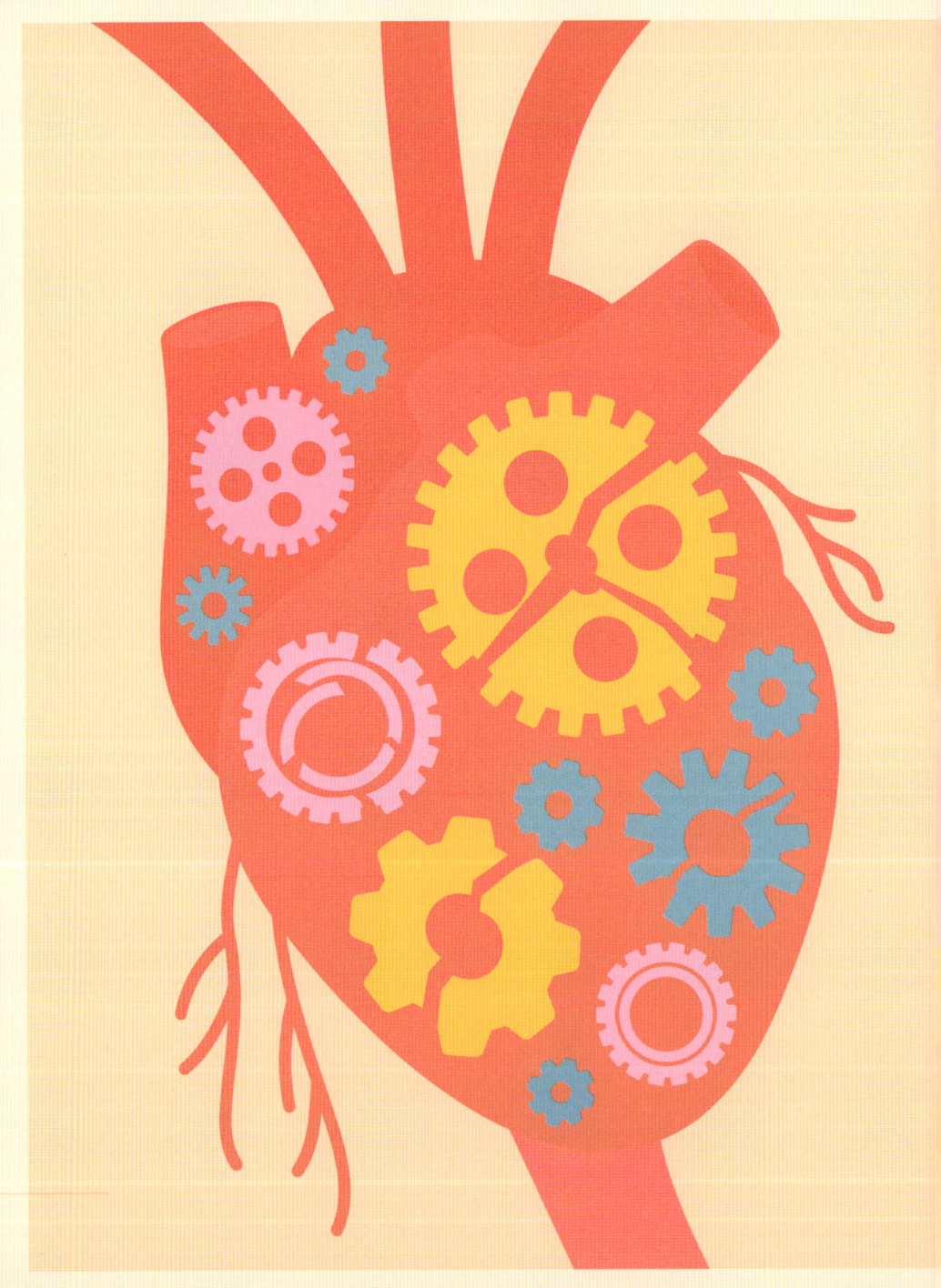

Chapter 3

여러 가지
위험 요인

위험 요인 관리하기

질병을 관리하면 좀 더 오래 살 수 있지만, 위험을 관리하면 애초에 질병에 걸릴 일이 없다. 따라서 우리는 위험 요인 관리를 목표로 삼아야 한다.

심장병에 아예 걸리지 않는 것이 가장 이상적이지만 현대의 생활 방식을 고려하면 심장병의 위험을 줄이고 최대한 발병을 늦추는 것이 더 현실적인 생각이다.

심장병의 조기 발병 가능성을 높이는 위험 요인들은 이미 알려져 있다. 실제로 전체 환자의 90%는 심장병의 위험을 증가시키는 흡연, 당뇨병, 고혈압, 높은 콜레스테롤 수치, 비만, 스트레스라는 여섯 가지 주요한 위험 요인을 가지고 있다(아래 참조).

위험을 줄이는 방법은 대부분 운동이나 식이요법, 수면, 스트레스 관리와 같은 생활 습관을 최적화하는 데서 비롯된다. 대개 일상에서의 작은 실천이 커다란 변화를 만들어 낸다. 담배를 피우지 않고, 정상 체중을 유지하며, 신체 활동을 활발히 하고, 알코올 섭취를 제한하면서, 건강한 식단을 유지하면 심장병과 일부 암의 발병을 10년 이상 늦출 수 있다. 이로 인해 연장된 10년은 주요 만성 질환 없이 보내는 기간이 될 수 있으며, 그 결과 삶의 질이 훨씬 높아질 가능성이 크다.

- **심장병의 위험 요인과 그 영향**

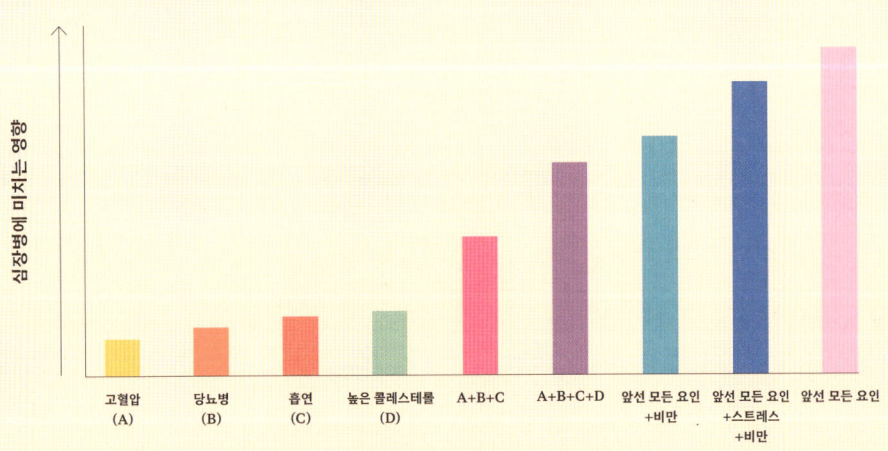

• 생활 습관이 건강 수명에 미치는 영향

다음 표는 담배를 피우지 않거나 술을 적당히 마시는 저위험 생활 습관을 유지하는 사람들이 훨씬 늦은 나이에 주요 만성 질환에 걸린다는 사실을 보여 준다. 따라서 이들은 그냥 더 오래 사는 것이 아니라 질 높은 삶을 누리며 오래 살 가능성이 높다.

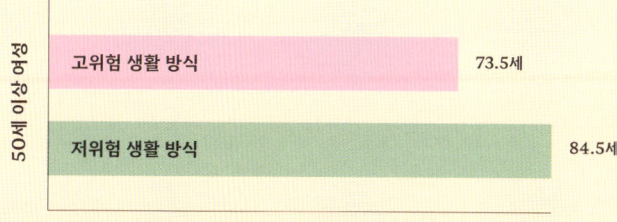

암이나 심혈관 질환, 당뇨병이 없는 상태의 기대 수명

암이나 심혈관 질환, 당뇨병이 없는 상태의 기대 수명

건강하게 오래 살기

젊은 나이에 심장병과 같은 만성 질환에 걸리면 수명이 단축되고 삶의 질이 크게 떨어지기 쉽다. 따라서 앞으로의 삶에 영향을 미칠 가능성이 있는 만성 질환의 발병을 최대한 늦추거나 피하는 것이 최우선 과제다. 따라서 이러한 질환의 위험 요인을 피하고 관리하는 데 집중해야 한다. 다음은 건강한 심장과 관련된 요인들이다.

- 금연
- 정상 체질량 지수(BMI)
- 하루 30분 운동
- 적당한 음주
- 건강한 식단
- 정상적인 콜레스테롤 수치
- 낮은 스트레스 수준
- 정상 혈압
- 정상 혈당

콜레스테롤

콜레스테롤이 심장 건강에 영향을 미친다는 말은 들어 보았을 것이다.
하지만 '좋은' 콜레스테롤과 '나쁜' 콜레스테롤에 대한 정보는
우리를 혼란스럽게 할 때가 많다. 이에 대해 살펴보자.

콜레스테롤 입자의 수가 많을수록 그중 하나가 동맥 벽을 통과해 남아 있다가 콜레스테롤 물질을 방출하며 염증을 유발할 가능성이 커진다. 이 과정은 죽상경화증(28~31쪽 참조)의 진행으로 이어진다. 그래서 높은 콜레스테롤 수치가 관상동맥 질환의 중요한 위험 요인으로 여겨지는 것이다.

콜레스테롤은 매우 중요한 위험 요인인 만큼 일반인에게 쉬운 용어로 설명되어 왔다. 하지만 심장병에서 콜레스테롤의 역할과 관련 위험을 줄이는 방법을 제대로 이해하려면 좀 더 자세히 알아야 한다.

콜레스테롤이란?

콜레스테롤은 몸의 거의 모든 세포를 구성하는 필수 요소인 지방 성분으로서 생명을 유지하는 데 꼭 필요한 물질이다. 주로 간에서 생산되는 콜레스테롤 입자의 두 가지 주요 유형 중 하나인 저밀도 지단백질(LDL)은 간에서 온몸의 세포로 콜레스테롤을 나르는 역할을 하고, 다른 하나인 고밀도 지단백질(HDL)은 세포에서 사용되고 남은 콜레스테롤을 다시 간으로 되돌려 보낸다.

미국에서는 콜레스테롤을 혈액 1데시리터당 밀리그램(mg/dL)으로 측정하고, 유럽 등 다른 나라에서는 혈액 1리터당 밀리몰(mmol/L)로 측정한다.

• **지단백질 안에 들어 있는 콜레스테롤 입자들**

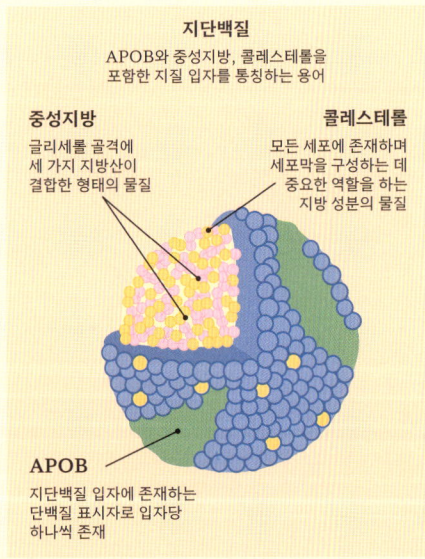

지단백질
APOB와 중성지방, 콜레스테롤을 포함한 지질 입자를 통칭하는 용어

중성지방
글리세롤 골격에 세 가지 지방산이 결합한 형태의 물질

콜레스테롤
모든 세포에 존재하며 세포막을 구성하는 데 중요한 역할을 하는 지방 성분의 물질

APOB
지단백질 입자에 존재하는 단백질 표시자로 입자당 하나씩 존재

한마디로 '좋은' 콜레스테롤과 '나쁜' 콜레스테롤은 존재하지 않는다. 죽상경화증이 LDL 콜레스테롤 입자가 동맥 벽에 축적될 때 발생한다고 해서 LDL 콜레스테롤이 종종 '나쁜' 콜레스테롤로 불리는 것이다. 그리고 HDL 콜레스테롤이 '좋은' 콜레스테롤로 불리는 것은 LDL 콜레스테롤을 간으로 되돌려 보내는 역할을 하기 때문이다. 하지만 그 기능은 일반

• 콜레스테롤 입자의 이동

간은 LDL 콜레스테롤 입자를 생성해 우리 몸에 필수적인 물질(예를 들어 중성지방과 콜레스테롤)을 몸 곳곳으로 운반하게 한다. 하지만 콜레스테롤 입자 중 일부는 동맥 벽에 축적되어 플라크를 형성할 수 있다. HDL 입자는 LDL 입자에서 일부 콜레스테롤 물질을 회수해 다시 간으로 되돌려 보낸다.

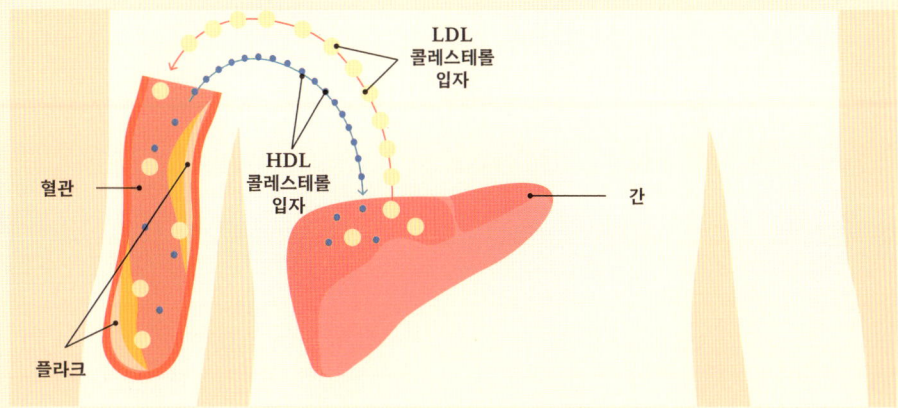

콜레스테롤 혈액 검사에서 측정되지 않고, 오직 사람마다 다른 농도만 측정되므로 HDL 콜레스테롤을 '좋다'라고 하는 것은 정확한 표현이 아니다.

콜레스테롤은 물에 녹지 않기 때문에 혈류를 타고 이동하려면 지질 입자 또는 지단백질이라고 불리는 단백질 용기에 들어가야 한다. 그리고 이 입자에는 중성지방과 단백질 표시자를 포함한 다른 성분도 함께 들어 있다(60~61쪽 참조).

저밀도 지단백질(LDL)

콜레스테롤 검사를 할 때 주로 측정하는 항목은 LDL 콜레스테롤이다. 일반적으로 혈액 검사에서 콜레스테롤 수치라고 하면 LDL 콜레스테롤을 의미하는 경우가 많다. LDL 콜레스테롤의 농도로 혈액 내 콜레스테롤 입자의 수를 대략 추정할 수 있는데, 이는 심장 질환의 위험을 예측하는 데 가장 유용한 지표로 여겨진다. 따라서 가능한 한 오랫동안 LDL 콜레스테롤 수치를 낮게 유지하는 것이 중요하다.

LDL 콜레스테롤 수치를 '높다'거나 '낮다'고 판단하는 기준은 무엇일까? 콜레스테롤 수치를 단순히 이분법적으로 높거나 낮다고 구분하지 않는 것이 중요하다. 동맥은 항상 일정 수준의 콜레스테롤 입자에 노출되어 있기 때문에 콜레스테롤 수치가 매우 낮았던 사람조차도 결국 시간이 오래 지나면 관상동맥에 플라크가 쌓이기 시작할 수 있다. 물론 이 경우 심장마비 위험이 크게 증가할 만큼 죽상경화증이 진행되려면 매우 오래 살아야 할 것이다. 다시 말해 그 전에 다른 질환으로 사망할 가능성이 더 높다는 뜻이다.

LDL 콜레스테롤 수치와 시간에 따른 노출

LDL 콜레스테롤 수치는 일반적으로 출생부터 성인기까지 매우 낮은 수준을 유지하다가 시간이 지남에 따라 서서히 증가한다. 성인의 평균 LDL 콜레스테롤 수치는 125mg/dL이다. 이 수치를 기준으로 보면 40세에 심장마비가 발생할 위험은 약 1%다.

즉 단순히 계산해 보면 LDL 콜레스테롤 수치 125mg/dL에 40년간 노출되었을 때 1%의 심장마비 위험이 생긴다는 의미이며, 이를 노출량으로 표현하면 5,000mg/dL·년(125mg/dL×40년=5,000mg/dL·년)이다. 따라서 LDL 콜레스테롤을 이해하는 더 나은 방법은 '노출 기간'을 함께 고려하는 것이며, 5,000mg/dL·년이 심장마비 위험이 1%에 도달하는 기준선이라고 볼 수 있다.

그러나 같은 수준의 LDL 콜레스테롤에 노출되더라도 시간이 10년 흐를 때마다 심장마비 위험은 2배씩 높아진다. 예를 들어 50세에는 위험도가 2%, 80세에는 16%에 이른다. 이것도 모두 LDL 콜레스테롤을 평균 125mg/dL로 유지했을 경우의 이야기다.

그런데 살다가 이 수치가 변하면 어떻게 될까? 평균 LDL 콜레스테롤이 174mg/dL로 높아지면 심장마비 위험이 1%가 되는 나이는 40세가 아니라 28세가 되고, 이후 10년마다 위험이 2배씩 증가한다. 하지만 이 과정은 그 반대도 마찬가지다. 평균 LDL 콜레스테롤 수치를 77mg/dL로 낮추면 64세가 되어서야 심장마비 위험이 1%가 되는 것이다. 따라서 LDL 콜레스테롤 수치가 160mg/dL 이상이라며 '나쁘다'라고 말할 때는 얼마나 오랫동안 그만큼의 콜레스테롤에 노출되었는지를 고려해야 하며 이와 함께 앞으로 남은 기대 수명도 생각해야 한다.

이제 모든 게 분명해졌다. 가능한 한 오랫동안 LDL 콜레스테롤을 최대한 낮게 유지하는 것, 이것이 목표가 되어야 한다.

• LDL 콜레스테롤에 대한 노출이 평생 심근경색, 즉 심장마비 발생 위험에 끼치는 영향

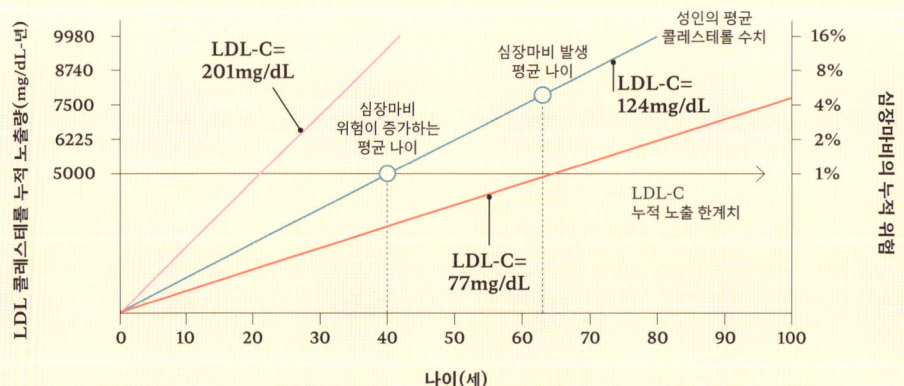

고밀도 지단백질(HDL)

HDL 입자 또한 콜레스테롤 입자의 한 종류로서 주로 말초 조직에서 간으로 콜레스테롤을 운반하는 역할을 한다. 그래서 '좋은 콜레스테롤'이라는 별명이 붙게 되었지만 HDL 콜레스테롤은 수치보다는 기능이 훨씬 더 중요하다. HDL 콜레스테롤이 '좋다'라는 관점에서 보면, 약물 치료를 통해 HDL 콜레스테롤 수치를 올리면 심장마비 발생 위험이 줄어들 것으로 예상되지만 HDL 콜레스테롤 수치를 약물로 올린다고 항상 효과를 보는 것이 아니라는 사실이 밝혀졌다.

HDL 콜레스테롤 수치가 낮으면서 중성지방 수치가 높은 경우 대사증후군과 관련이 있다(86~87쪽 참조). 특히 높은 LDL 콜레스테롤 수치에 대사증후군이 더해지면 심장 질환의 위험이 매우 커진다.

HDL 콜레스테롤 수치가 77mg/dL 이상으로 아주 높은 사람 중 일부는 조기 사망 위험이 오히려 증가한다. 따라서 HDL 콜레스테롤을 반드시 '좋다'고만 할 수는 없다. 현재 알려진 바에 따르면, HDL 콜레스테롤의 주요 활용점은 총콜레스테롤 수치에서 HDL 콜레스테롤 수치를 빼서 비-HDL 콜레스테롤 수치를 구하는 것이다. 이 값은 죽상경화증을 유발하는 입자의 수치를 대략 알 수 있게 해주어 심혈관 질환의 위험을 예측하는 훌륭한 지표로 여겨진다. 낮은 HDL 콜레스테롤 수치는 또한 대사 건강이 좋지 않음을 나타내는 지표로도 볼 수 있다. 따라서 HDL 콜레스테롤 수치가 낮으면 문제가 될 가능성이 크다. 하지만 그렇다고 높은 게 반드시 좋은 것은 아니다.

앞으로 HDL 콜레스테롤의 역할이 더 잘 알려지면 이를 임상 치료에 더욱 많이 활용할 수 있을 것이다. 그러나 현재로서는 HDL 콜레스테롤보다는 다른 곳에 초점을 맞추는 것이 중요하다.

높은 콜레스테롤과 노출 기간

동맥은 평생 콜레스테롤 입자에 노출된다. 여기서 중요한 질문은 '얼마나 많은 콜레스테롤에 얼마나 오래 노출되었는가?'다. 만약 콜레스테롤 수치가 계속 낮게 유지되다가 나이가 들면서 높아진다면 평생 노출된 콜레스테롤 입자의 누적량은 훨씬 적을 것이다. 반면 어릴 때부터 콜레스테롤 수치가 높았다면 젊은 나이에 심장병이 발생할 위험이 훨씬 높다.

평생 LDL 콜레스테롤 수치가 낮은 사람들은 심장병 발생률이 80% 낮으며, 중증 심장병은 거의 걸리지 않는다. 그러나 유전적으로 평생 콜레스테롤 수치가 높은 사람들은 젊은 나이에 심장병이 발생할 확률이 훨씬 높아 20대에 처음 심장마비를 겪는 사람도 있다.

· '좋은' 콜레스테롤과
'나쁜' 콜레스테롤 ·

한마디로 말해, '좋은' 콜레스테롤이나 '나쁜' 콜레스테롤은 사실상 존재하지 않는다. 죽상경화증이 발생하는 것은 일반적으로 콜레스테롤 입자가 동맥 벽에 축적되기 때문인데, 이 입자는 대체로 LDL 입자다. 이 때문에 콜레스테롤 입자의 수를 나타내는 하나의 지표인 LDL 콜레스테롤이 '나쁜' 콜레스테롤이라고 불리는 것이다.

아포지단백 B(APOB)
– 콜레스테롤 입자와 위험성

APOB는 콜레스테롤 입자당 1개씩 존재한다. 이 때문에 APOB는 혈류 속의 콜레스테롤 입자 수를 추정하는 가장 좋은 지표이자 위험을 평가하는 중요한 지표가 된다.

혈액 속 콜레스테롤 입자의 수는 죽상경화증을 예측하는 가장 좋은 콜레스테롤 지표다. 하지만 일반 콜레스테롤 혈액 검사로는 혈액 속 콜레스테롤 입자의 수를 측정할 수 없다.

APOB는 죽상경화증을 일으킬 가능성이 있는 LDL 콜레스테롤 입자에 존재하는 단백질 표시자다. 콜레스테롤 입자마다 APOB 단백질 표시자가 1개씩 있으므로 APOB를 측정하면 콜레스테롤 입자의 수를 알 수 있다.

일반 콜레스테롤 검사에서 측정하는 항목

일반 콜레스테롤 혈액 검사는 다음과 같은 다섯 가지 결과를 제공한다.

- 총콜레스테롤
- LDL 콜레스테롤
- HDL 콜레스테롤
- 중성지방
- 비-HDL 콜레스테롤

총콜레스테롤 수치는 사람들의 입에 자주 오르내리긴 하지만 임상에서는 거의 고려되지 않는다. 흔히

'나쁜' 콜레스테롤이라고 불리는 LDL 콜레스테롤이 일반적으로 혈액 속 콜레스테롤 입자의 수를 정확하게 추정할 수 있게 하므로 위험을 평가하는 좋은 지표가 된다. 하지만 당뇨병이나 인슐린 저항성, 대사증후군을 앓는 수백만 명의 사람들은 LDL 콜레스테롤 수치를 보고 위험을 과대평가하거나 과소평가할 수 있다.

혈액 속 콜레스테롤 입자의 수를 평가할 수 있는 더 좋은 방법은 비-HDL 콜레스테롤을 활용하는 것으로, 이는 총콜레스테롤 농도에서 HDL 콜레스테롤 수치를 뺀 값이다. 비-HDL 콜레스테롤의 목표 수치는 130mg/dL 이하로 이는 전체 인구의 하위 25%에 해당한다. 하지만 앞서 설명한 것처럼 콜레스테롤 수치를 얼마나 낮춰야 하는지는 얼마나 오랫동안 그 수치에 노출될 가능성이 있는지와 개인의 질병 위험도에 따라 달라진다.

> 혈액 속 콜레스테롤 입자의 수를 직접 측정하고 싶다면 APOB의 농도를 측정하면 된다.

- **비-HDL 콜레스테롤 수치와 심혈관 질환 발병 위험**

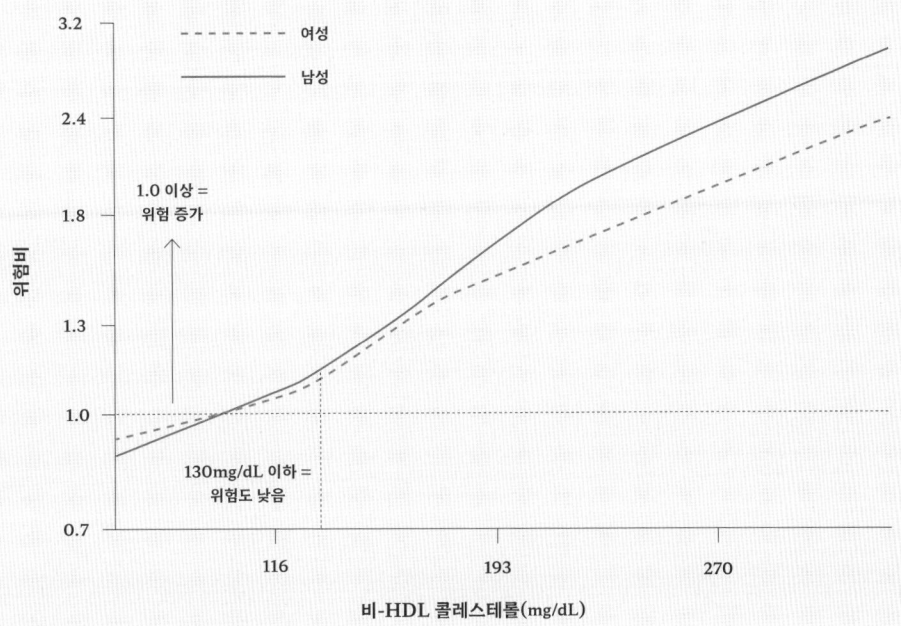

APOB의 역할

모든 LDL 콜레스테롤 입자에서 측정되는 APOB 단백질 표시자를 APOB 100이라고 한다. 이에 대한 검사는 혈액 내 콜레스테롤로 인한 죽상경화증의 위험을 평가하는 가장 좋은 방법이다. APOB 100mg/dL는 대략 중간값으로 성인은 APOB 수치가 대부분 100mg/dL에 가깝다는 것을 의미한다.

APOB 활용의 장점은 많은 콜레스테롤 지표가 직접 측정되는 것이 아니라 다른 입력값을 기반으로 한 공식으로 산출된다는 데 있다. 예를 들어 일반 콜레스테롤 혈액 검사는 대부분 LDL 콜레스테롤을 직접 측정하지 않고 총콜레스테롤과 HDL 콜레스테롤, 중성지방을 프리데발트 공식(LDL 콜레스테롤=총콜레스테롤-HDL 콜레스테롤-(중성지방÷5)-옮긴이)에 넣어 산출한다. 하지만 이 계산법은 중성지방 수치가 높거나(대사증후군과 당뇨병의 증상처럼) LDL 콜레스테롤 수치가 매우 낮을 때는 신뢰성이 떨어진다.

콜레스테롤로 인한 심혈관 질환 발생 위험을 알아내는 가장 좋은 방법이 콜레스테롤 입자의 수를 검사하는 것이라면, APOB 검사를 통해 직접 측정하는 것이 대체 지표에 의존하는 것보다 더 낫다.

지단백(a) - Lp(a)

높은 Lp(a) 수치는 가장 흔한 유전적 콜레스테롤 이상으로
전체 인구의 약 10~20%가 이에 해당한다. 여기서 중요한 문제는
사람들이 대부분 이에 대해 들어 본 적이 없다는 사실이다.

앞에서 살펴본 것처럼 콜레스테롤 입자는 몇 가지 요소로 구성되어 있다. 바깥쪽에는 APOB 100 단백질 표시자가 1개 있고, 안쪽에는 콜레스테롤과 중성지방이 들어 있으며, 양은 사람마다 다르다. 모든 사람의 LDL 콜레스테롤 입자에는 apo(a) 꼬리 구조, 즉 아포(a) 꼬리 구조라고 불리는 단백질이 붙어 있는데, 인구 10명 중 1명 이상은 이 꼬리가 더 많다. 이러한 사람들은 '리포프로틴 리틀 에이'라고 발음되는 Lp(a), 즉 지단백(a)의 농도가 높다. Lp(a) 수치가 높으면 다음 질환에 영향을 미친다.

• 관상동맥 질환
• 뇌졸중
• 대동맥판막 협착증(심장의 주요 판막이 좁아지는 질환)

• **apo(a) 꼬리 구조가 달린 지질 단백질에 둘러싸인 콜레스테롤 입자**

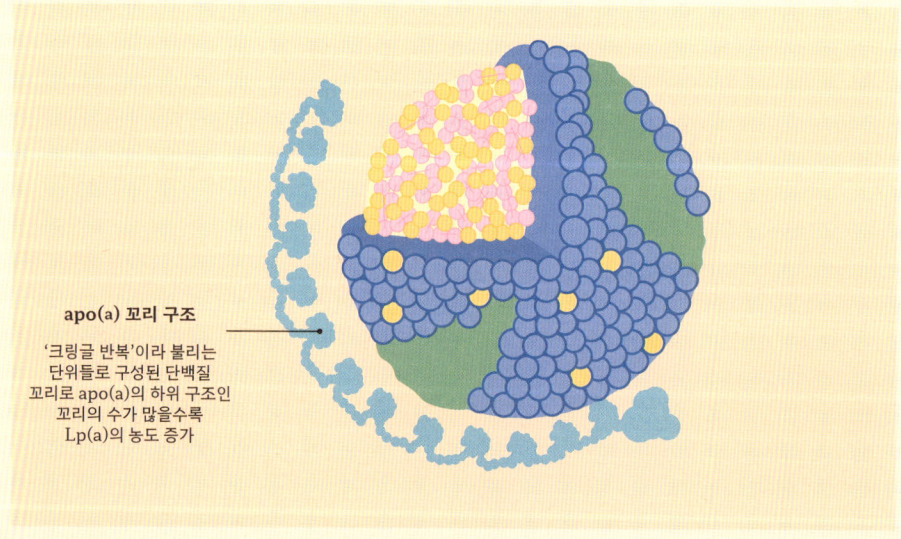

apo(a) 꼬리 구조
'크링글 반복'이라 불리는 단위들로 구성된 단백질 꼬리로 apo(a)의 하위 구조인 꼬리의 수가 많을수록 Lp(a)의 농도 증가

Lp(a) 수치가 높으면 해로운 이유

Lp(a) 수치가 높은 사람들은 보통 사람들보다 젊은 나이에 심장마비를 겪을 가능성이 거의 2.5배 더 높다. Lp(a)는 일반 콜레스테롤 입자보다 염증을 더 많이 일으키기 때문에 죽상경화증을 일으킬 가능성이 더 높다고 여겨진다.

Lp(a) 수치는 높거나 그렇지 않은 경우 두 가지 경우가 있으며, 평생 한 번만 측정하면 된다. 생활 습관 변화에는 거의 영향을 받지 않는다. Lp(a) 수치가 50mg/dL 이상이면 일반적으로 심장병의 위험이 매우 크게 증가하고, 30mg/dL만 넘어도 위험이 증가한다.

관 검사가 권장되며, 같은 유전자를 지녔을 수 있는 가족들도 마찬가지다. 하지만 일반인의 10~20%가 Lp(a)의 수치가 높다는 사실을 고려해 볼 때 성인이라면 모두 평생에 한 번은 Lp(a) 검사를 받는 것이 좋다. 높은 Lp(a)의 수치는 또한 대동맥판막의 조기 석회화에도 영향을 미치므로 초음파 검사를 통해 확인해야 할 수도 있다.

높은 수치의 Lp(a) 치료하기

일반적인 콜레스테롤 저하 치료로는 Lp(a)의 농도를 유의미하게 낮출 수 없다. 어떤 경우에는 오히려 수치가 다소 증가하기도 한다. Lp(a)의 농도를 크게 낮추는 것으로 승인된 치료법은 아직 없지만 현재 개발 중인 약물인 안티센스 올리고뉴클레오타이드 요법으로 Lp(a)의 농도를 80~90%까지 낮출 수 있다. 큰 진전이지만 실제로 실험해 보아야 할 것은 이 약물이 Lp(a)의 수치를 감소시키는지 뿐만 아니라 실제로 향후 심장마비 발병 위험을 줄이는지가 될 것이다. 게다가 LDL 콜레스테롤 수치를 평소보다 낮추면 Lp(a)의 증가로 인한 위험을 일부 상쇄할 수 있다는 사실도 새롭게 입증되고 있다.

치료법이 개발되기까지 Lp(a)의 수치가 높은 사람들은 혈압과 같은 전통적인 심혈관 위험 요소들을 최적의 수준으로 관리해야 한다. 이들에게는 조기 심혈

환자가 "아버지가 50세에 심장마비를 겪었고, 삼촌도 그랬다"라고 말하면 가장 먼저 생각해 봐야 할 것 중 하나가 Lp(a)다.

혈압의 중요성

고혈압은 심장병의 주요 위험 요소로서 전 세계적으로 사망 원인 중 가장 큰 비중을 차지한다. 게다가 지난 30년 동안 유병률이 2배 이상 증가했다.

혈압은 수축과 이완이라는 심장 주기의 두 단계가 일어나는 동안 순환하는 혈액의 압력을 말한다. 심장이 수축해 혈액을 배출할 때는 압력이 높고(수축기), 심장에 혈액이 채워질 때는 압력이 낮다(이완기). 혈압은 밀리미터수은(mmHg) 단위로 측정되며 140/90mmHg과 같이 두 가지 수치로 표시된다. 여기서 첫 번째 숫자는 수축기 혈압을 나타내고, 두 번째는 이완기 혈압을 나타낸다. 혈압은 가정용 혈압계로 직접 측정하거나 스마트워치를 통해 확인할 수도 있고 의사나 의료 서비스 제공자에게 요청해 측정하면 된다. 고혈압이 있으면 다음과 같은 질병에 걸리기 쉽다.

- 심장마비
- 뇌졸중
- 치매
- 조기 사망
- 돌연 심장사
- 말초혈관 질환
- 심장기능상실
- 심방세동
- 대동맥 박리
- 신장 질환

고혈압은 적절한 생활 습관을 유지하면 대체로 예방이 가능하다.

정상 혈압

모든 연령대와 성별에 걸쳐 120/80mmHg 미만의 혈압은 나이가 들면서도 심장마비나 뇌졸중 발생 위험이 낮은 '정상' 혈압 범위로 알려져 있다.

고혈압

고혈압은 일반적으로 수축기 혈압이 140mmHg 이상, 이완기 혈압이 90mmHg 이상인 경우로 정의된다. 그러나 일부 기관, 예를 들어 미국 심장협회는 고혈압의 기준을 낮춰 수축기 혈압 130mmHg 이상, 이완기 혈압 80mmHg 이상으로 분류하고 있다. 수축기 혈압이 90mmHg을 초과할 경우 건강에 이상이 생길 위험이 점진적으로 증가한다는 증거도 일부 존재한다.

혈압의 중요성

• 혈압과 뇌졸중 및 심장마비 발생 위험

혈압이 높을수록 뇌졸중과 심장마비의 위험이 증가한다.
이 관계는 다음과 같이 명확하게 선형적인 연관성을 보여 준다.

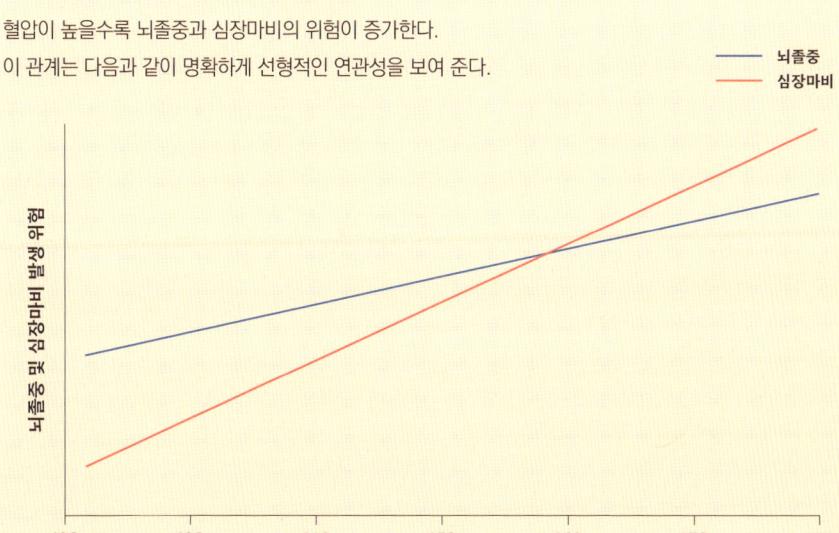

고혈압의 원인

고혈압의 90% 이상은 '본태성' 또는 '1차성' 고혈압으로, 명확한 원인이 밝혀지지 않은 경우에 해당한다. 다음은 본태성 고혈압을 유발하거나 악화시킬 수 있는 여러 가지 요인들이다.

- 비만
- 신체 활동 부족
- 감정적 스트레스
- 인슐린 저항성
- 과도한 소금 섭취
- 낮은 칼륨 섭취
- 과도한 음주

고혈압의 5~10%는 다른 의학적 문제로 발생하며, 이를 '2차성 고혈압'이라고 한다. 그 원인은 다음과 같다.

- 폐쇄성 수면 무호흡증
- 갑상선 질환
- 선천성 대동맥 장애
- 알도스테론증
- 신동맥 협착증
- 쿠싱 증후군
- 부신 종양

부족한 신체 활동

수만 년 동안 인간은 상당한 거리를 매일 걸어서 이동했다.
하지만 요즘은 그렇게 살지 않는다. 이러한 활동 부족이
우리의 건강에 심각한 영향을 미치고 있다.

초기 인류가 아프리카 사바나를 누비던 시절에는 스마트워치나 만보기가 존재하지 않았다. 비록 정확한 수치는 알 수 없지만 그들이 얼마나 활발히 움직였는지 일부 단서를 통해 유추해 볼 수 있다.

예를 들어 탄자니아의 수렵채집 부족인 하자족은 초기 인류의 생활 방식과 유사한 활동 습관을 유지하고 있는 것으로 보인다. 하자족은 식량을 찾아 매일 4시간 이상, 평균 16km를 걸어 다닌다. 이에 비해 오늘날 선진국에 사는 사람들은 보통 그보다 약 14배나 적게 움직인다. 엄청난 차이다. 현대 사회는 분명 수많은 편리함을 제공하지만 그 편리함 덕분에 우리는 더 이상 매일 음식을 찾아 움직일 필요가 없어졌다. 바로 그러한 환경이 우리를 서서히 병들게 하고 있는 것이다.

· 1만 보의 진실 ·

전 세계적으로 널리 알려진 '하루 1만 보 걷기'라는 목표는 의학적인 임상 연구에서 시작된 것이 아니다. 사실 이것은 1964년 도쿄 올림픽을 앞두고 일본에서 개발된 최초의 만보계에서 유래한 것으로 일본어로 '10,000'이라는 숫자가 걷는 사람의 모습과 비슷하게 보여서 1만 보가 된 것이다. 비록 과학적 연구를 기반으로 한 것은 아니지만, 이 숫자는 건강을 유지하는 데 매우 적절한 목표인 것으로 밝혀졌다. 하루 8,000보를 걷는 사람은 하루 4,000보 미만으로 걷는 사람에 비해 향후 10년 안에 사망할 위험이 51% 낮았으며, 1만 2,000보 넘게 걷는 사람은 그 위험이 65%까지 낮아졌다.

운동은 얼마나 해야 할까?

현재 세계보건기구 WHO의 권장 사항에 따르면 건강을 위해 필요한 신체 활동이 중간 강도에서 격렬한 정도로 주당 최소 150분 필요하며, 권장되는 이상적인 시간은 대략 300분이다. 5~17세 청소년의 경우 하루 최소 60분 또는 주당 420분 이상의 유산소 운동이 최적의 운동량이다.

중간 강도의 운동에는 빠르게 걷기, 평지에서 자전거 타기, 복식 테니스 등이 있다. 반면 공원에서 여유롭게 하는 산책은 중간 강도의 운동에 해당하지 않는다. 신체 활동은 모두 건강에 도움이 되지만 활동의 상당 부분이 호흡이 가빠지고 심박수가 상승하는 수준이어야 한다.

매주 권장량만큼 유산소 운동을 하는 사람들은 전체 성인의 절반도 안 된다. 근력 운동까지 포함하면 이 비율은 4명 중 1명도 못 된다. 게다가 어린이는 겨우 23%만 주간 권장 운동량을 채우고 있다.

신체 활동이 부족하면 인슐린 저항성이나 고혈압 등의 위험 요인이 증가하며, 이는 결국 심장병 발병 위험을 높인다.

한마디로 말해 일상적인 신체 활동이 줄어들수록 수명도 짧아진다. 따라서 살려면 운동을 해야 한다. 운동은 곧 생명과 직결되기 때문이다.

>요즘은 성인과 어린이 모두 운동을
>충분히 하지 않는다. 이 때문에 심혈관 건강에
>심각한 문제가 생기고 있다.

근육 손실

이 책을 읽고 있는 사람이라면 가능한 한 오랫동안 건강하게 사는 것이 목표일 것이다.
근육의 양과 근력은 그 목표의 주요 결정 요인이다.

중년이 되어서도 평균적인 근육량과 근력만 있으면 인생의 마지막 10년에도 평균 수준을 유지할 가능성이 크다. 하지만 '평균'을 목표로 하는 것은 그리 좋은 전략이 아니다.

80~90대에도 나이에 비해 놀라운 신체 능력을 지닌 사람들을 종종 볼 수 있다. 하지만 같은 연령대의 노인들 대다수는 일상생활에서 꼭 필요한 기본적인 활동에서조차 어려움을 겪는다. 여기서 말하는 활동이란 스카이다이빙이나 스키 같은 극단적인 활동이 아니라 계단 오르기나 장보기, 한쪽 다리로 균형 잡기 같은 단순한 일상 활동들을 말하는 것이다.

만약 90세에도 이런 기본적인 활동을 무리 없이 하고 싶다면 50세에는 평균 이상의 근력을 유지해야만 한다.

• **노년기의 평균 근육량 감소**

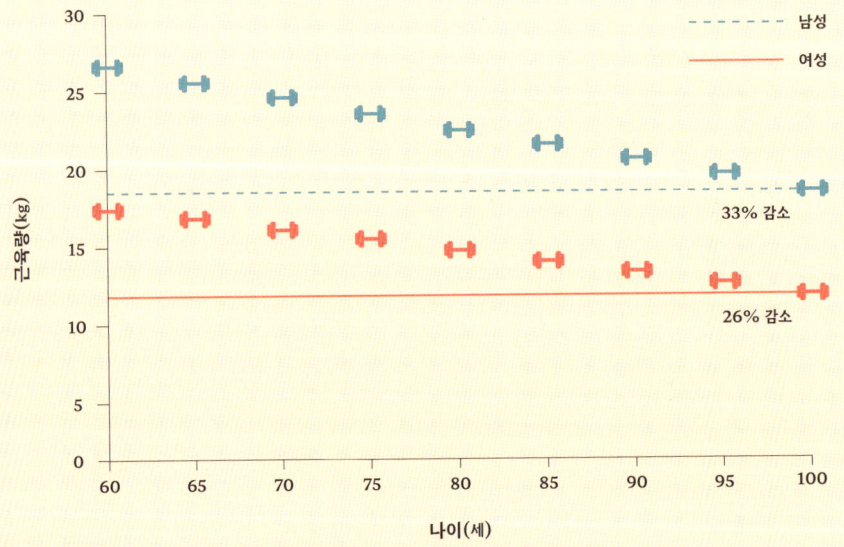

근력이 중요한 이유

평균 수명을 사는 동안 근육량은 약 40% 감소하고, 근력은 30~40% 감소한다. 이는 상당한 양이다.

근육량이 적은 사람은 조기 사망 위험이 86% 더 높다. 그리고 이 중 35% 이상은 심혈관 질환으로 사망한다. 근력이 약한 사람 또한 근력이 좋은 사람과 비교해 조기 사망할 가능성이 2배 높다. 그러므로 근육량과 근력의 감소는 중요한 문제인 것이다. 근력을 손아귀힘으로 측정했을 때 손아귀힘이 5kg 감소할 때마다 조기 사망 위험이 20% 증가하는 것으로 나타났다.

만약 건강하게 오래 사는 것이 목표라면 평균 이상의 근육량과 근력이 필수적이다. 근육량과 근력은 시간이 지나면서 감소하지만 다행히도 속도는 늦출 수 있다. 그러려면 정기적인 근력 및 저항 운동이 필요하다(138~139쪽 참조). 하지만 사람들은 대부분 운동을 충분히 하지 않고 있다. 최근 연구에 따르면, 성인 3명 중 1명은 권장량인 주당 최소 2회의 근력 운동을 하지 못하고 있다.

더 오래, 더 높은 삶의 질을 유지하며 살려면 적당량의 유산소 운동과 근력 운동을 모두 해야 한다. 정기적으로 근력 운동을 하면 심장병으로 인한 사망 위험이 약 20% 감소하지만, 권장량의 유산소 운동과 근력 운동을 모두 실천하면 이 수치가 50%로 크게 올라간다. 이렇듯 근육량과 근력은 매우 중요하다. 그러니 이제 운동을 시작하자!

· **한 발로 서기 테스트** ·

한 발로 서기가 쉽다고 생각할 수도 있지만 60대 초반 성인의 20%와 70대 초반 성인의 50%는 이 자세를 제대로 해내지 못한다. 한 발로 10초 이상 서지 못하는 사람은 그럴 수 있는 사람에 비해 향후 7년 안에 사망할 확률이 84% 더 높다는 연구 결과가 있다.

알코올

알코올에 대해서는 여러 가지 말이 많다. 어떤 사람들은 레드 와인 같은 술은 적당량 마시면 오히려 심장 건강에 좋다고 한다. 하지만 우리는 알코올이 조기 사망의 주요 원인 중 하나라고 알고 있다. 그렇다면 어느 쪽이 맞는 말일까?

먼저 나쁜 소식부터 살펴보자. 알코올은 잠재적으로 우리 몸에 상당한 해를 끼칠 수 있다. 알코올은 전 세계적으로 매년 300만 명을 사망에 이르게 한다. 미국에서는 알코올이 예방 가능한 사망 원인 중 세 번째로 큰 비중을 차지하고 있다. 음주와 관련된 심혈관 질환은 다음과 같다.

- 고혈압
- 높은 중성지방
- 관상동맥 질환
- 대사증후군
- 불면증

알코올은 또한 여러 가지 암을 비롯해 간이나 폐, 뼈와 관련된 질환에도 영향을 준다.

• 심장병과 음주량

매일 2잔 이상 술을 마시면 심장병의 위험이 급속히 증가한다.

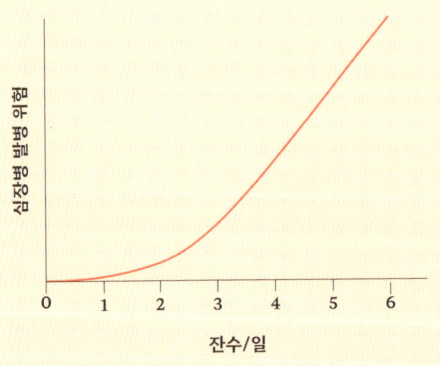

잔수/일

> ### · 레드 와인 ·
>
> 레드 와인의 원료인 포도껍질에 흔히 함유된 레스베라트롤이라는 화합물에 관한 연구에 따르면, 이 성분이 콜레스테롤 수치를 낮추는 데 도움이 될 가능성이 있다고 한다. 여기서 레드 와인이 '건강에 좋다'는 이야기가 나온 것이다. 하지만 콜레스테롤을 낮출 만큼 레스베라트롤을 섭취하려면 와인을 하루에 몇 리터씩 마셔야 하는데, 이는 건강에 결코 좋지 않다.

- **알코올이 영향을 미치는 심장 건강**

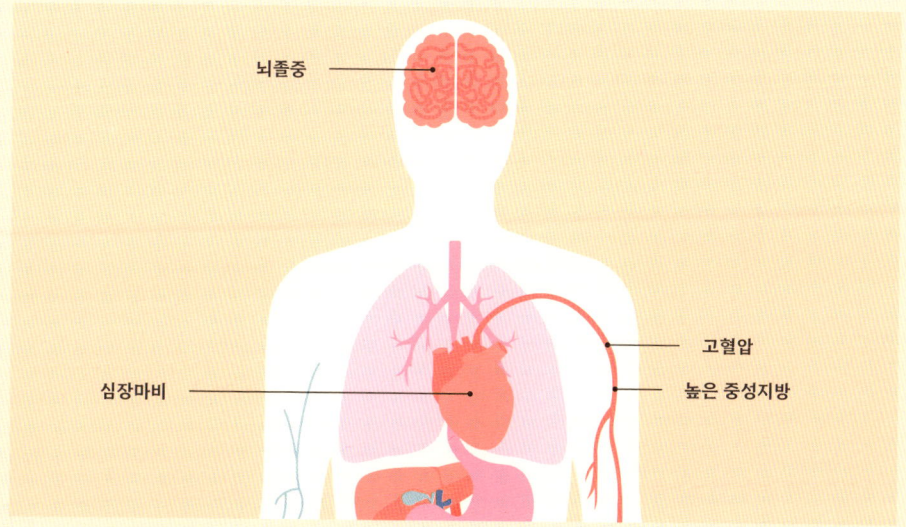

술은 심장 건강에 도움이 될까?

수년간의 연구에 따르면 술을 매일 많이 마시면 건강에 해로울 수 있지만, 보통 적당량으로 알려진 하루 2~4잔 정도 마시면 유익하다고 여겨져 왔다. 이렇게 음주를 적당히 한 사람들은 평균적으로 더 오래 사는 경향이 있었다. 이는 매일 술을 전혀 마시지 않는 사람들과 비교한 결과였다.

술을 적당량 마시는 사람들이 더 오래 사는 경향을 보였던 이유는 '건강한 사용자 편향' 때문이었다. 기존의 장기적인 알코올 연구는 관찰 데이터 기반이었다. 이는 실험 참가자들을 무작위로 음주 그룹과 비음주 그룹으로 나눈 것이 아니었다는 의미다. 따라서 단순히 음주 여부만이 아닌 흡연이나 고혈압, 운동 부족과 같은 다른 요인들도 결과에 영향을 미쳤을 수 있다. 결국 적당히 술을 마신 사람들이 더 건강했던 것은 사실이지만 그것이 꼭 알코올 때문만은 아니었다. 이러한 변수들을 더 철저히 통제한 최근 연구에서는 결과가 명확히 드러났다. 어떤 형태의 음주든 알코올은 심혈관 건강에 해롭고, 많이 마실수록 그 위험이 커진다는 것이다.

심장병의 위험을 줄이는 게 목표라면 술을 마시지 않는 것이 가장 좋은 방법이다. 물론 우리는 매일 크고 작은 위험을 감수하며 살아간다. 자동차를 운전할 때도 사고의 위험이 따른다. 중요한 것은 그 위험을 감수할 만한 가치가 있는지 판단하는 것이다. 건강을 위협하는 별다른 요인이 없는 사람이라면 친구들과 가끔 와인 한 잔 즐기는 정도의 위험은 감수할 만하다고 생각할 수 있다.

흡연과 전자담배

흡연은 건강에 매우 해롭다. 전 세계적으로 고혈압에 이어 두 번째로 많은 사망자를 발생시키는 위험 요소다. 전자담배는 비교적 새롭게 등장한 것이지만 이 역시 큰 우려를 낳고 있다.

흡연이 심장에 미치는 영향

흡연은 동맥 벽의 가장 안쪽 표면인 내피층을 손상시킨다. 그 밖에도 염증과 혈전 생성을 촉진한다. 이러한 요인들이 결합하면 콜레스테롤 입자가 동맥 벽을 더 쉽게 통과해 염증 환경 속에 갇히게 된다. 그 결과 죽상경화증(28~31쪽 참조)이 진행되고, 결국 플라크가 파열되면서 심장마비를 유발할 수 있다.

이렇게 위험이 가속화되어 흡연자가 10년 이내에 심장마비로 사망할 확률은 비흡연자의 2배에 달한다. 결국 모든 장기 흡연자의 절반 이상은 흡연과 관련된 질환으로 사망한다. 흡연으로 더 많이 사망하는 쪽은 남성이지만 흡연의 해로운 영향에 훨씬 더 취약한 쪽은 여성인 것으로 나타나는데, 그 이유는 아직 밝혀지지 않았다.

흡연율 감소

흡연은 전 세계적으로 여전히 주요한 건강 관련 문제지만 1970년대 초반 이후로 흡연율이 꾸준히 감소하면서 심장병 관련 사망도 크게 줄었다. 널리 알려진 바와 같이 금연의 건강상 이점은 매우 크다. 40세 이전에 금연한 경우 흡연으로 인한 초과 사망 위험은 90%나 감소하는 것으로 나타났다.

· 흡연 관련 통계 ·

흡연은 심혈관 질환의 주요 원인이자 예방 가능한 암의 가장 큰 원인이다.

• 전 세계적으로 매년 약 800만 명이 흡연으로 사망한다.

• 미국에서는 그간 치렀던 모든 전쟁의 사망자를 합친 것보다 10배 이상 많은 사람이 흡연으로 사망했다.

• 폐암의 90%는 흡연이 원인이다.

• 미국은 흡연으로 인한 사망자가 후천성 면역결핍 증후군과 불법 약물 남용, 음주, 교통사고, 총기사고로 인한 사망자를 모두 합친 것보다 많다.

• 흡연과 심혈관 질환

심장병은 주요 사망 원인이지만 지난 50년간 사망률이 상당히 감소했다. 가장 큰 이유 중 하나는 현저한 흡연율 감소다.

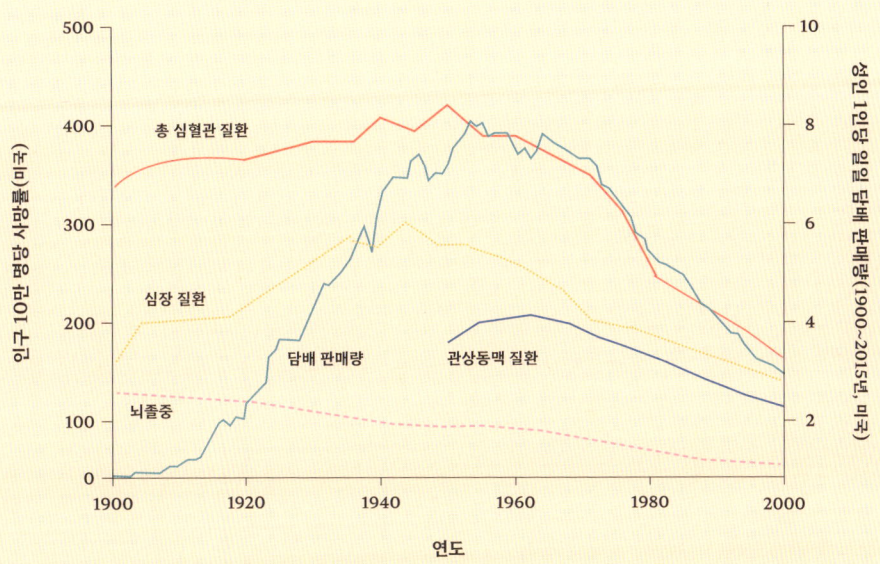

· 전자담배 ·

기존 담배보다 덜 해롭다고 알려져 있긴 하지만, 여전히 위험은 존재한다. 여러 연구에 따르면 전자담배를 사용하는 사람들은 혈압이 더 높은 경향을 보이며, 동맥 벽 손상 가능성도 있다고 한다. 이는 죽상경화증을 촉진하는 위험 요인이 될 수 있다. 게다가 전자담배 흡연자는 비흡연자보다 심장마비의 위험이 더 크다는 연구 결과도 있다.

수면

충분한 수면은 건강에 필수적이다. 연구에 따르면,
수면 부족이 계속되면 뇌졸중과 심장마비를 비롯한
심혈관 질환의 위험 요인들이 증가할 수 있다.

사람에 따라 필요한 수면 시간은 다를 수 있지만, 대부분 하루 7~9시간은 자야 한다. 수면 시간이 7시간 미만일 경우 심장에 다음과 같은 문제가 생길 수 있다.

- 동맥 내 플라크 증가
- 심장마비
- 고혈압
- 뇌졸중
- 치매

7시간 미만의 수면은 고혈압 발생률을 증가시키는데, 습관적으로 4시간도 자지 못하는 사람은 7시간 이상 자는 사람에 비해 고혈압에 걸릴 위험이 86%까지 높아진다. 게다가 만성적인 수면 부족은 뇌졸중과 치매의 위험도 증가시킨다.

수면 부족이 심장에 미치는 영향

연구에 따르면, 잠이 늘 부족한 사람들은 관상동맥에 플라크가 더 많이 쌓이는 경향이 있다. 이는 심장마비의 주요 위험 요인이다(36~37쪽 참조). 수면 시간이 1시간 줄어들 때마다 관상동맥 플라크의 증가 위험이 약 33% 상승한다. 그런데 성인의 35%가 7시간 이상 잠을 자지 못하는 것으로 나타났다. 심지어 단기간 잠이 부족해도 그 영향이 클 수 있다. 단 하루만 잠이 부족해도 심혈관 질환의 주요 원인인 인슐린 저항성이 증가하기 때문이다(80~81쪽 참조).

> 계절에 따른 공식적인 시간 조정으로 사람들이 모두 1시간씩 잠을 덜 자게 되면 심장마비의 위험이 24%까지 높아진다. 다시 원래대로 시간이 조정되면 그 위험이 줄어들지만, 그만큼 많이 줄어들지는 않는다.

• 수면 시간과 관상동맥 플라크 축적의 위험

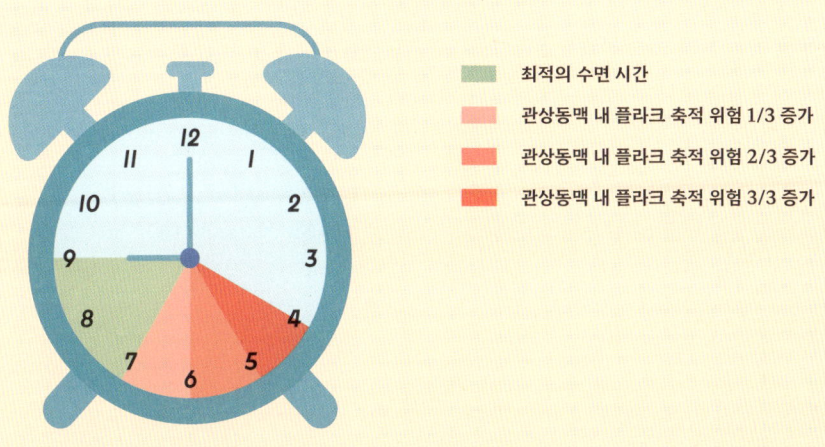

■ 최적의 수면 시간
■ 관상동맥 내 플라크 축적 위험 1/3 증가
■ 관상동맥 내 플라크 축적 위험 2/3 증가
■ 관상동맥 내 플라크 축적 위험 3/3 증가

열량 제한 식단을 할 때도 잠이 부족한 사람들은 정상적으로 잠을 잔 사람들보다 체중이 55% 덜 감량되었다. 또한 체중이 지방보다 근육에서 더 큰 비율로 빠졌다.

심혈관 건강을 위한 기본은 영양을 관리하고, 운동량을 늘리고, 스트레스를 줄이는 데 있다. 이 세 가지 요소는 모두 수면 부족으로 인해 부정적인 영향을 받을 수 있다. 이를 제대로 실천하면 심혈관 건강을 유지하게 될 가능성이 높다.

· 잠을 덜 자도 되는 사람들이 있을까? ·

잠을 아주 조금만 자도 괜찮은 유전적 돌연변이가 있는 사람들이 있다. 하지만 당신이 그런 사람일 확률은 극히 낮다. 이 유전자 변이를 가진 성인의 비율을 계산해 그 수치를 정수로 반올림하면 0이 된다. 그러니 결론적으로 대다수 사람들은 하루 7~9시간 잠을 자야 한다.

스트레스

현대인은 스트레스를 매우 많이 받는다. 어떤 스트레스는 심장에 좋을 수 있지만(스포츠처럼), 높은 수준의 스트레스는 건강에 위험 요인이 될 수 있다. 왜 그런지 살펴보자.

1950년대 중반, 2명의 심장 전문의가 진료 대기실 의자의 팔걸이 일부가 닳아 있는 것을 발견했다. 이는 진료를 기다리는 동안 긴장한 환자들이 손을 문지른 흔적이었다. 이후 이러한 성향의 사람들은 'A형 성격'으로 분류되었다. 이들은 조급하고, 불안이 많으며, 시간 관리에 매우 신경을 쓰는 특징을 보였고, 심장병에 걸릴 위험 또한 일반인보다 2배 이상 높았다.

스트레스가 심장에 미치는 영향

정서적 스트레스는 심혈관계에 여러 부정적인 영향을 미칠 수 있다.

- 심박수 증가
- 혈압 상승
- 스트레스 호르몬 수치 상승
- 수면의 질 저하
- 혈전 형성을 촉진할 수 있는 혈소판 부착 증가

이러한 단기적 변화가 과연 장기적으로도 건강에 해로울 수 있을지 의문을 가질 수 있다. 하지만 여러 연구 결과를 종합해 보면, 이러한 변화 또한 장기적으로 해로울 가능성이 크다. 실제로 스트레스 수준이 높은 사람들은 흡연이나 운동 부족, 불규칙한 식사, 고혈압 방치 등 심혈관 건강에 해로운 습관을 가지고 있을 가능성이 훨씬 높다. 문제는 심혈관 질환의 원인이 스트레스 자체인지, 아니면 스트레스로 인해 유발되는 2차적 요인들인지 구분하기가 쉽지 않다는 것이다.

이를 명확하게 규명하기는 쉽지 않지만 연구에 따르면, 이혼이나 임상적 우울증 같은 사회심리적 스트레스 요인이 많은 사람은 그렇지 않은 사람에 비해 심혈관 질환에 걸릴 확률이 약 20~30% 더 높다. 물론 이러한 연구들은 흡연이나 혈압, 비만 등 확률을 높일 법한 다른 요인들을 통제하려고 노력하지만, 이들 요인이 서로 얽혀 있는 만큼 완전히 신뢰할 만한 결과를 내기는 매우 어려운 것이 현실이다.

이 질문에 대해 확실한 답을 얻는 유일한 방법은

장기간 스트레스에 노출되는 실험에 사람들을 무작위로 배정하는 것이지만 그러한 실험이 실제로 진행될 가능성은 거의 없다.

스트레스가 심혈관 건강에 중요한 역할을 하는 것은 분명하지만 직접적인 영향과 간접적인 영향을 구별하기는 어렵다. 하지만 스트레스 수준을 조절할 수 있으면 대개 심혈관 건강을 개선하는 여러 요인을 함께 관리할 수 있게 된다. 따라서 대부분의 경우 불필요한 스트레스를 줄이는 데 우선순위를 두어야 한다.

'상심' 증후군

갑자기 극심한 스트레스를 받으면 상심 증후군을 경험하는 사람들도 있다. 이를 의학적으로 타코츠보 심근병증이라고 하는데, 이 증후군이 시작되면 심장의 주요 방이 확장되면서 일본의 전통 낚시 항아리인 타코츠보와 비슷한 모양이 된다고 해서 이런 이름이 붙었다.

이런 증상은 폐경 이후의 여성들에게 가장 흔하게 나타나며, 사랑하는 사람의 죽음이나 실직, 대규모 자연재해와 같은 정서적 충격을 크게 받은 후 발생하는 경우가 많다. 실제로 지진 발생 후에 상심 증후군의 사례가 급증하는 경향이 있다. 다행히도 이 질환은 대부분 일시적이며, 환자 대다수가 심장 기능을 완전히 회복한다.

• **상심 증후군에 걸린 심장의 상태**

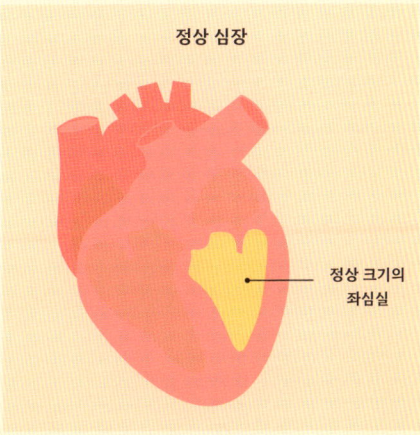

정상 심장

정상 크기의 좌심실

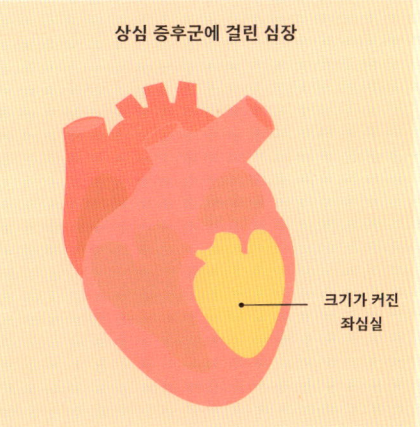

상심 증후군에 걸린 심장

크기가 커진 좌심실

폐경

여성이 규칙적인 생리 주기를 시작하는 시기와
끝내는 시기는 심혈관 위험에 큰 영향을 미친다.

평균적으로 여성은 남성보다 약 10년 늦게 심혈관 질환이 발병한다. 이 때문에 여성은 비교적 위험이 낮다고 여겨지는데, 젊을 때는 이것이 사실이다. 그러나 심혈관 질환은 여전히 대부분의 나라에서 여성의 주요 사망 원인이며, 여성의 심장마비 중 30% 이상이 65세 이전에 발생한다.

생리 시작 나이와 심혈관 건강

생리를 시작하는 나이는 여성의 심장병 발병 위험에 영향을 줄 수 있다. 생리를 12세 이전이나 15세 이후에 처음 시작한 여성은 12~15세 사이에 시작한 여성에 비해 심장병에 걸릴 확률이 2~4배 높다. 위험이 증가하는 원인이 무엇인지에 대해서는 아직 명확하게 밝혀지지 않았지만 체내 에스트로겐 노출 기간과 관련이 있을 것으로 추정된다.

· **남성과 여성의
LDL 콜레스테롤 수치** ·

LDL 콜레스테롤 수치는 평생 변한다. 어릴 때는 매우 낮지만 중년에 접어들면서 상승하기 시작한다. 이러한 상승 현상은 남성에게서 더 일찍 나타나고, 여성은 더 늦게 나타나는데 보통 폐경 이후에 발생한다. 조기 폐경을 한 여성은 LDL 콜레스테롤 상승 시점도 앞당겨진다. 이로 말미암아 남성보다 심혈관 질환 발생이 10년 정도 느린 여성의 이점도 감소하게 된다. 노년기에는 LDL 콜레스테롤 수치가 다시 낮아지는데, 이는 종종 다른 주요 질환과 연관되어 나타난다.

폐경하는 나이

여성이 생리를 시작하는 시기 외에도 나이가 들면서 규칙적인 생리 주기가 끝나는 나이, 즉 폐경기도 심장병 위험에 영향을 미칠 수 있다.

45세 이전에 생리가 끝난 여성은 45세 이후에 생리가 끝난 여성보다 심장병에 걸릴 확률이 50% 더 높다. 이러한 이유는 평생 에스트로겐에 노출되는 기간과 관련이 있는 것으로 추정된다. 그러나 폐경을 하면 다른 요인들도 다음과 같이 변하므로 심장병 위험이 증가할 수 있다.

- LDL 콜레스테롤 증가
- 내장지방 증가
- 수면의 질 저하
- 혈압 상승
- HDL 콜레스테롤 감소

이러한 모든 요인이 복합적으로 작용해 젊은 나이에 폐경을 한 여성의 심장병 위험이 증가하는 것으로 보인다.

여성이 가진 기타 위험

여성은 또한 남성과 비교해 다음 질환에 걸릴 위험이 더 크다.

- 특히 임신 기간 중의 자발성 관상동맥 박리증
- 스트레스성 심근병증(76~77쪽 참조)

여성의 심혈관 질환 위험은 규칙적인 생리의 시작 및 중단 시기와 관련된 여러 요인에 의해 크게 영향을 받는데, 이러한 위험 대부분은 체내 에스트로겐 수치를 통해 조절될 가능성이 높다는 사실은 의심의 여지가 없다.

호르몬 대체 요법을 통한 에스트로겐 보충으로 높아진 심혈관 질환 위험을 낮출 수 있는지에 대한 궁금증은 166~167쪽을 참조하라.

인슐린 저항성

인슐린 저항성은 혈중 인슐린 수치가 상승하는 것이 특징이다.
인슐린 저항성이 증가할수록 관상동맥 질환이 발생할 가능성이 커진다.

쉽게 말해 포도당은 호르몬인 인슐린의 신호를 받으면 세포로 들어간다. 건강 상태가 양호하고 인슐린 감수성이 좋은 사람들은 이 과정을 활성화하는 데 인슐린이 조금만 있어도 되지만 과도한 내장지방(84~85쪽 참조)이나 신체 활동 부족으로 인슐린 저항성이 생기면 포도당이 세포로 들어가도록 신호를 보내기 위해 인슐린이 점점 더 많이 필요해진다.

당뇨병의 시작

몸에서 세포로 포도당을 보내는 데 필요한 인슐린을 더 이상 충분히 생산하지 못하면 혈류 내 포도당 수치가 상승한다. 이는 혈액 검사에서 쉽게 감지된다. 이러한 포도당 수치의 상승은 오랜 기간 인슐린 수치가 높은 상태로 유지된 후에야 나타나며, 대개 그 과정은 눈에 띄지 않는다.

혈당 수치가 상승한 환자는 당뇨전단계 또는 당뇨병 진단을 받는다. 사람들은 자신이 당뇨병 환자가 되었다는 사실에 놀라는데, 더 충격적인 것은 이 과정이 오랫동안 조용히 진행되어 왔다는 사실이다. 즉 혈당 조절을 위해 많은 양의 인슐린이 분비되는 상태가 수년간 지속되어 왔던 것이다. 만약 인슐린 수치가 높은 상태를 더 일찍 발견했더라면 보다 적극적으로 대응해 이 과정을 되돌리고 당뇨병으로 진행되는 것을 막을 수 있었을 것이다.

인슐린 저항성이
심장병의 위험 요소인 이유

인슐린 저항성이 죽상경화증의 주요한 위험 요소인 이유는 이로 인해 콜레스테롤 입자가 동맥 벽에 축적될 가능성이 커지기 때문이다. 인슐린 저항성은 또한 암, 치매, 심장기능상실, 심방세동, 비알코올성 지방간, 수면 무호흡증과도 밀접한 관련이 있다.

인슐린 저항성은 정상 체중인 사람에게도 흔히 나타난다. 따라서 체중보다는 내장지방 수치가 위험을 예측하는 더 나은 지표가 된다. 인슐린 저항성은 적절한 영양 섭취와 운동 습관(138~141쪽 참조)을 통해 정상으로 되돌릴 수 있다.

인슐린 저항성은 HOMA-IR 점수를 계산해 혈액 속의 인슐린과 포도당을 측정하는 것이 가장 효과적인데, 이 점수가 2.5 이상이면 인슐린 저항성이 높은 것으로 의심된다.

인슐린 저항성 검사는 초기 심장병 및 다양한 질환을 예측하는 데 매우 중요하지만 안타깝게도 일반적으로는 거의 시행되지 않는다.

- **높은 LDL 콜레스테롤, 높은 인슐린 저항성, 그리고 심혈관 질환**

인슐린 수치가 낮고 LDL 콜레스테롤 수치가 높은 경우 심장병 위험이 80% 증가한다. 인슐린 수치가 높고 LDL 콜레스테롤 수치가 높은 경우 심장병 위험이 1,100% 증가한다. 이 수치는 가장 이상적인 건강 상태, 즉 LDL 콜레스테롤과 공복 인슐린 수치가 모두 낮은 사람과 비교한 것으로, 공복 인슐린 검사란 12시간 단식 후 측정하는 혈액 검사를 말한다.

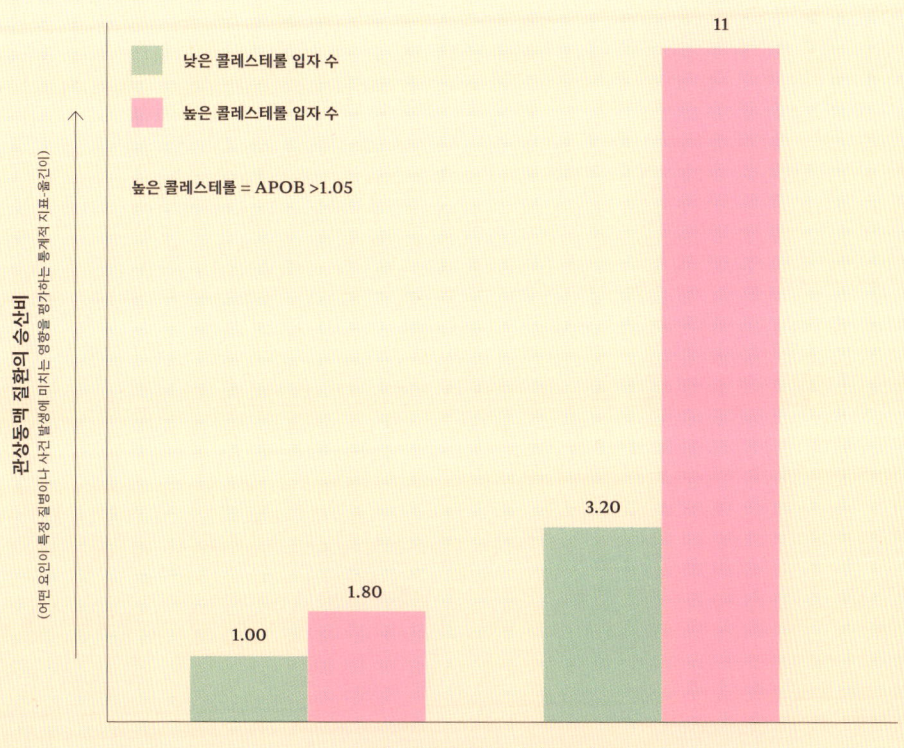

당뇨병

제2형 당뇨병 환자는 당뇨병에 걸리지 않은 사람에 비해
심혈관 질환에 걸릴 위험이 10배 이상 높다. 따라서 심혈관 질환에
걸리지 않으려면 당뇨병 예방이 필수다.

인슐린 저항성이 진행되어 혈당 수치가 조절되지 못하는 상태에 이르면 당뇨병으로 진단된다. 당뇨병은 크게 다음 두 가지 유형으로 나뉜다.

- 제1형 당뇨병 – 6%
- 제2형 당뇨병 – 90%

나머지 경우는 희귀한 유형의 당뇨병이다.

주로 어릴 때 나타나는 제1형 당뇨병은 원인이 아직 명확히 밝혀지지 않았다. 이 질환은 자가면역 반응으로 인해 췌장의 인슐린 생산 능력이 저하되고, 이에 따라 포도당 대사가 제대로 이루어지지 않는 것이 특징이다. 이 병을 앓는 환자들은 인슐린 수치가 낮아 모두 인슐린 주사를 맞아야 한다. 제1형 당뇨병은 생활 습관 개선만으로는 예방할 수 없다.

- **인슐린 저항성과 당뇨전단계, 당뇨병 진단 검사**

인슐린 민감성에서부터 당뇨전단계와 당뇨병 여부를 판단하는 데는 여러 가지 혈액 검사가 사용된다. 경구 포도당 부하 검사도 시행될 수 있다. 다음 표는 다양한 검사 결과에 따라 개인의 상태가 어떻게 진단되는지를 보여 준다.

	공복 인슐린 수치	공복 포도당 수치	당화혈색소(HbA1c)	경구 포도당 부하 검사
인슐린 민감성	정상	정상	정상	정상
인슐린 저항성	높음	정상	정상	정상
당뇨전단계	높음	높음	높음	정상 또는 높음
당뇨병	높음	높음	높음	높음

제2형 당뇨병

전체 당뇨병의 90%를 차지하며, 인슐린 민감성이 낮아지는 과정의 마지막 단계에 해당한다. 주로 내장지방 수치가 높은 중년 이후의 성인에게서 많이 발생하며, 신체 활동 수준이 낮은 것과 깊은 관련이 있다. 제2형 당뇨병은 병이 상당히 진행될 때까지 오랫동안 인슐린 수치가 높은 상태로 유지되다가 췌장이 더 이상 인슐린을 충분히 분비할 수 없게 되면 인슐린 수치가 낮아지는 것이 특징이다.

벽에 침착될 가능성도 커진다. 이는 인슐린 저항성이 클수록 관상동맥 내에 플라크가 형성될 위험이 커진다는 의미다.

제2형 당뇨병은 심혈관 질환의 위험을 크게 증가시킨다. 하지만 다행히도 예방이 가능한 만큼 최대한 발병을 피하거나, 발병했을 때 정상 상태로 되돌리기 위해 적극적으로 노력해야 한다.

당뇨전단계

인슐린 저항성이 높은 단계와 당뇨병 사이에는 당뇨전단계라는 상태가 있다. 이 단계들은 공복 인슐린과 혈당, 평균 혈당이 반영된 당화혈색소(HbA1c) 수치에 따라 구분되는데, 당화혈색소 검사는 약 6주 동안 평균 혈당이 얼마나 높았는지 추정할 수 있는 혈액 검사다. 당뇨병 진단에는 경구 포도당 부하 검사도 사용된다.

당뇨병 예방 가능성

제2형 당뇨병에 유전적 소인이 있더라도 내장지방을 적게 유지하고 신체 활동을 늘리면 당뇨병 발병 위험을 현저히 낮출 수 있다. 특히 체력이 좋은 사람은 그렇지 않은 사람에 비해 제2형 당뇨병에 걸릴 확률이 약 90%까지 낮아지는 것으로 알려져 있다.

한편 인슐린 저항성이 높아지면서 당뇨전단계와 당뇨병으로 진행될수록 콜레스테롤 입자가 동맥 내

· 진단 기준 ·

다음 수치는 당뇨전단계 및 당뇨병 진단을 위한 참고 지표로 혈당 검사와 당화혈색소 검사 결과를 기준으로 한다.

당뇨전단계

공복 혈당: 100~125mg/dL
당화혈색소: 5.7~6.4%
(한국 기준)

당뇨병

공복 혈당: 126mg/dL 이상
당화혈색소: 6.5% 이상
(한국 기준)

비만과 내장지방

일반적으로 체내 지방이 과도하게 축적된 상태로 정의되는 비만은 심혈관 질환의 위험을 높이는 주요 요인이다. 하지만 모든 지방이 같은 위험을 초래하는 것은 아니다. 심장병 발병 위험을 크게 증가시키는 것은 몸속 깊이 존재하는 과도한 내장지방이다.

과도한 체지방은 심혈관 건강에 분명히 좋지 않지만, 심장병 위험에 얼마나 영향을 미치느냐는 체내 지방의 위치에 따라 달라질 수 있다.

지방의 종류

지방은 대체로 다음 두 가지 유형으로 나뉜다.

- 피하지방
- 내장지방

피하지방은 피부 바로 밑에 쌓인 지방으로 손으로 만지면 잡힌다. 사람들이 체중을 줄이려 할 때 없애려는 지방이 바로 이것이다. 피하지방은 과도하게 쌓여도 심장병 위험 요인에 미치는 영향이 크지 않다.

내장지방은 이와 매우 다르다. 내장지방은 복강 내부와 간, 췌장과 같은 주요 장기 안에 존재하는 지방을 말한다. 과도하게 축적된 내장지방은 주로 허리둘레의 증가로 나타난다. 이와 같은 유형의 지방은 매우 활발하게 대사 활동을 하기 때문에 심혈관 질환의 주요 위험 요인으로 작용한다.

• 피하지방과 내장지방

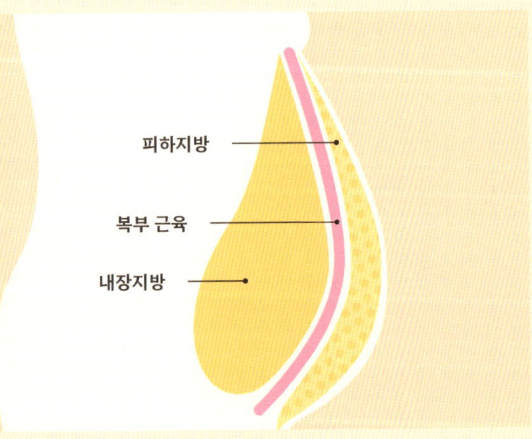

지방은 몸의 두 구역에 저장된다. 피하지방은 피부 바로 밑에 저장되고, 내장지방은 복강에 저장된다. 피하지방 저장소가 가득 차면 과도한 지방이 내장지방으로 저장된다. 그렇게 되는 시점은 사람마다 다르다.

'건강한 비만'은 가능할까?

가능하다. 일부 사람들은 피하지방이 먼저 축적되고 나서 내장지방이 쌓이기 시작한다. 이들은 겉으로 보기엔 살이 많이 찐 것처럼 보여도 중성지방 수치 상승, 고혈압, 혈당 조절 이상 등 비만과 관련된 대사적 변화가 거의 나타나지 않는다. 이러한 상태를 '대사적으로 건강한 비만'이라고 하는데 실제로는 매우 드문 경우다. 하지만 이들 또한 시간이 지나면서 결국 내장지방이 과도하게 축적되는 경우가 많다.

이와 달리 피하지방 저장 능력이 낮은 사람들은 체중이 조금만 늘어도 내장지방이 빠르게 증가한다. 아시아인들이 여기에 해당하는 경우가 많은데, 이런 경우 체중이 '정상' 범위에 있더라도 내장지방이 과도하게 축적되면 심장병에 걸릴 위험이 크게 높아질 수 있다.

내장지방 측정법

체중만으로는 내장지방량을 정확히 판단하기 어렵다. 내장지방은 주로 복강, 즉 배 안쪽에 축적되므로 허리둘레가 이를 예측하는 훨씬 더 유용한 지표로 활용된다. 이러한 이유로 허리둘레가 대사증후군 진단 기준 중 하나로 사용되는 것이다(86~87쪽 참조). 내장지방량은 CT 및 MRI 검사를 통해 정확하게 측정할 수 있지만 일반적으로 잘 사용되지 않는다. 내장지방 상태를 평가하는 데 가장 많이 활용되는 영상 검사는 덱사 스캔이다(120~121쪽 참조).

내장지방의 양과 상관없이 중요한 것은 그것이 혈압과 콜레스테롤, 포도당 대사에 어떤 생화학적 이상을 유발하고 있는지를 평가하는 것이다. 바로 이 지점이 과체중이 심장 건강에 미치는 실제 위험의 핵심이다.

내장지방만을 선택적으로 감량하기는 어렵다. 하지만 지방흡입술로 피하지방만 제거하는 것으로는 심장병의 위험을 줄이지 못한다. 심장병의 위험은 대부분 피하지방이 아닌 내장지방을 줄일 때 감소한다. 그런데 내장지방을 줄이려면 보통 전체 체지방을 줄여야 한다. 두 가지 지방은 보통 동시에 감소하기 때문이다.

> 과도한 피하지방은 심장병 발병 위험에 거의 영향을 미치지 않는다. 하지만 내장지방은 완전히 다르다.

대사증후군

대사증후군이 있는 사람은 그렇지 않은 사람에 비해 심장병으로 사망할 확률이 거의 3배 높다. 50세 이상의 성인 중 40%가 대사증후군을 앓고 있는데, 문제는 정작 본인은 대부분 그 사실을 모르고 있다는 것이다.

대사증후군과 심장 건강

대사증후군의 다섯 가지 요소 중 하나만 있어도 심장병으로 인한 사망 위험이 증가하며, 요소가 하나씩 추가될 때마다 그 위험도 커진다. 특히 이미 심장병과 당뇨병을 진단받은 사람이 세 가지 대사증후군 요소를 갖게 되면 심장병으로 사망할 확률이 거의 7배에 달한다.

대사증후군의 근본적인 원인은 인슐린 저항성이지만(80~81쪽 참조), 앞서 말했듯이 인슐린 수치는 거의 검사되지 않는 항목이다. 따라서 대사증후군 검사는 인슐린 저항성을 간접적으로 확인할 수 있는 매우 효과적인 방법이 된다.

· 대사증후군의 다섯 가지 요소 ·

다음 요소 중 세 가지에 해당하면
대사증후군으로 진단한다.

- 허리둘레 증가
  남성: 102cm 초과
  여성: 88cm 초과

- 고혈압

- 높은 중성지방 수치: 150mg/dL 이상

- 낮은 HDL('좋은') 콜레스테롤
  남성: 40mg/dL 이하
  여성: 50mg/dL 이하

- 높은 공복 혈당 수치

중성지방 수치와 HDL 콜레스테롤 수치는
혈액 검사에서 흔히 간과되기 쉽다.

• 대사증후군과 심장병으로 인한 사망

대사증후군의 각 구성 요소는 심장병으로 인한 사망 위험을 증가시킨다. 요소가 많을수록 그 위험은 더욱 커진다. 이미 관상동맥 질환이 있는 상태에서 대사증후군의 요소를 세 가지 이상 가지고 있다면, 심장병으로 인한 사망 위험은 급격히 상승한다. 여기에 당뇨병까지 동반되면 그 위험은 훨씬 더 커진다.

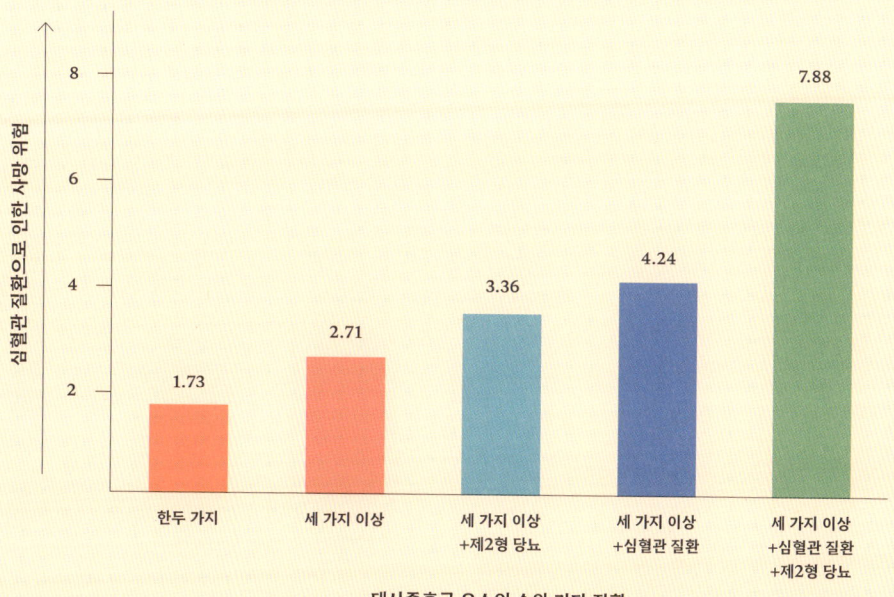

대사증후군 요소의 수와 기타 질환

미국 성인의 88%가 대사증후군의 요소를 최소한 하나 이상 가지고 있다. 대사증후군이 있는 사람들은 심장병으로 인한 사망 위험이 클 뿐만 아니라 여러 가지 암과 치매로 사망할 위험도 크게 증가한다.

대사증후군은 진단이 비교적 간단하며, 체중을 약간 줄이거나 신체 활동량을 늘리는 것만으로도 충분히 개선될 수 있다. 인슐린 저항성과 마찬가지로 이 질환도 가장 효과적인 해결책은 약물 치료가 아닌 생활 습관의 변화다.

> 사람들은 대사증후군이 있어도 대부분 이에 따른 위험성을 인식하지 못하고 있다.

지방간 질환

비알코올성 지방간 질환은 간에 과도한 지방이 축적된 상태다.
환자들은 대부분 자신이 이 질환을 가지고 있다는 사실조차 모른다.
그렇지만 이들은 심장마비와 뇌졸중을 겪을 위험이 2배 가까이 높다.

비알코올성 지방간 질환의 원인

인슐린 저항성 및 대사증후군과 밀접하게 관련되어 있으며, 전 세계적으로 가장 흔한 간 질환이다. 2030년에 이르면 간 이식의 주요 원인이 될 것으로 예상된다.

간에 과도한 지방이 축적되기 시작하는 정확한 이유는 명확히 밝혀지지 않았지만, 대개 다음과 같은 대사 이상과 깊이 연관되어 있다.

- 비만
- 과도한 내장지방
- 인슐린 저항성
- 대사증후군
- 당뇨병
- 고혈압

비알코올성 지방간 질환은 대사 기능 이상과 관련된 질환으로 여겨져 최근에는 대사성 지방간 질환으로 불리기 시작했다.

비알코올성 지방간 질환의 진행 단계

지방간 질환은 인슐린 저항성(80~81쪽 참조)으로 인해 간에 지방이 축적되면서 발생하는 것으로 보인다. 간에 쌓이는 이 지방은 내장지방의 한 형태다. 비알코올성 지방간 질환의 첫 단계는 간에 지방이 과도하게 축적된 상태로 흔히 '지방간'으로 불리며 CT나 초음파 검사 중 우연히 발견되는 경우가 많다. 지방이 계속 축적되면 간 조직에 염증이 발생할 수 있다. 이 단계를 비알코올성 지방간염이라고 한다. 이러한 염증이 방치되면 결국 흉터 조직이 점차 축적되면서 간이 섬유화되는 간경변으로 이어진다.

- **비알코올성 지방간 질환의 진행 단계**

비알코올성 지방간 질환 환자의 간은 서서히 변한다. 일부는 회복 가능하지만 질환이 장기간 진행되면 간은 영구적으로 손상될 수 있다.

정상 간

회복 가능

비알코올성 지방간과 지방간염은 적절한 관리로 치료할 수 있다. 간경변 또한 치료할 수 있지만 진행 정도에 따라 다르다. 일부 환자는 간암으로 발전할 수 있으며 이 단계에 이르면 회복이 불가능하다.

비알코올성 지방간 질환과 비만

허리둘레가 정상 범위를 초과해 1cm 증가할 때마다 비알코올성 지방간 질환의 위험이 2배로 증가한다. 그 결과 비만 인구의 60%, 심각한 비만(BMI 40 이상) 인구의 90%에서 비알코올성 지방간 질환이 나타난다.

비알코올성 지방간 질환 환자는 대부분 다음 대사증후군 요소를 한 가지 이상(86~87쪽 참조) 지니고 있다.

- 높은 중성지방(비알코올성 지방간 환자의 63%)
- 낮은 HDL 콜레스테롤(환자의 45%)
- 고혈압(환자의 40%)
- 혈당 조절 이상(환자의 10%)

그 결과 비알코올성 지방간 질환 환자에게 심장마비와 뇌졸중이 발생할 확률은 일반인보다 2배 이상 높으며, 비알코올성 지방간염과 간 섬유화가 함께 있는 사람들은 그 위험이 4배까지 증가한다.

검사 및 치료

간에 과도한 지방이 축적되었는지는 간단한 혈액 검사와 특수 간 초음파를 통해 쉽게 확인할 수 있다. 그러나 진행된 단계를 보다 정확하게 진단하려면 간 생검이 필요하다.

현재 의학적으로 승인된 비알코올성 지방간 질환의 치료법은 없지만 체중을 많이 줄이고 인슐린 감수성을 개선하면 상당 부분 회복될 수 있다. 비알코올성 지방간 질환 관리의 핵심은 식단 조절과 운동을 포함한 생활 습관 개선이며, 향후 비만 치료를 위한 신약이 중요한 역할을 할 가능성이 있다.

사람들은 흔히 '지방간이 약간 있다'라는 말을 듣는다. 하지만 이것이 심장 건강에 얼마나 심각한 영향을 미치는지에 대해서 제대로 설명을 듣는 경우는 드물다. 만약 허리둘레가 증가했거나 간 기능 검사 결과가 비정상적이라면 비알코올성 지방간 질환에 주의해야 한다.

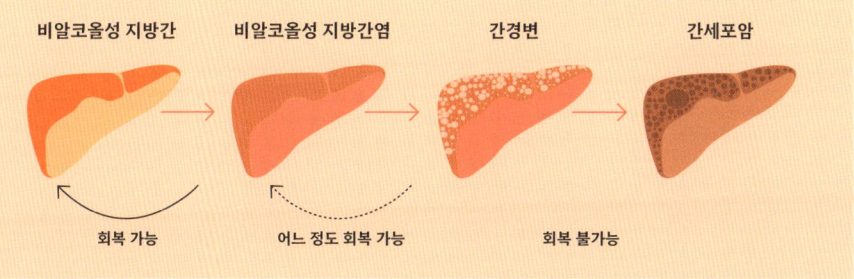

신장 질환

말기 신장 질환 환자의 가장 흔한 사망 원인은 신장 질환이 아니라 심혈관 질환이다. 이유가 무엇인지 알아보자.

신장은 혈액을 여과해 수분과 염분은 남기고 소변으로 배출하는 역할을 포함해 다양한 기능을 수행하는 복잡한 기관이다. 신장은 또한 비타민 D 수치를 조절하고 적혈구 생성과 관련된 일부 호르몬을 조절하는 일도 한다.

신장 기능이 저하될수록 심혈관 질환의 위험은 증가한다. 신장 질환이 있는 사람들은 염증 수치와 동맥 석회화 정도가 훨씬 높아 심혈관 질환에 걸릴 위험이 더욱 크다.

- **신장 질환과 사구체 여과율(eGFR) 지표**

신장 기능은 크레아티닌 농도를 측정하는 표준 혈액 검사를 통해 평가된다. 크레아티닌 수치는 신장의 사구체 여과율을 추정하는 지표로 활용된다. 사구체 여과율이 60mL/분 미만이면 신장 질환이 의심되며, 15mL/분 미만이면 말기 신부전 상태를 의미한다.

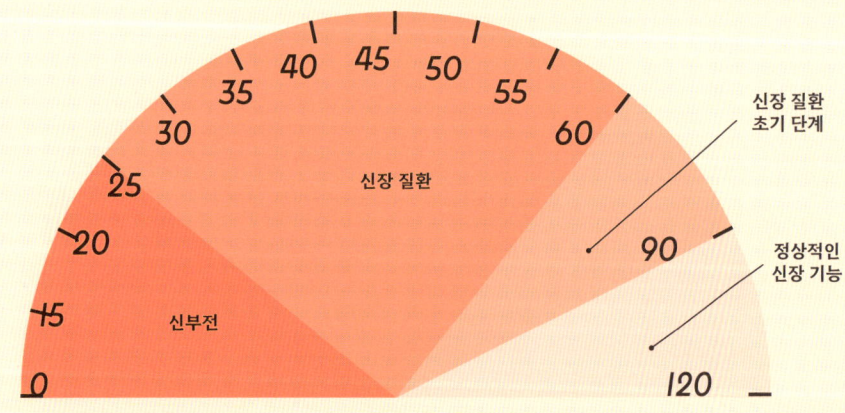

신장 질환의 영향을 받는 사람들

65세 이상의 성인 중 34%가 어떤 형태로든 만성 신장 질환을 앓고 있다. 문제는 만성 신장 질환이 있는 성인 10명 중 9명은 그런 사실을 모른다는 것이다. 신장 질환은 대부분 증상이 없기 때문에 심각한 만성 신장 질환 환자조차도 자신의 병을 인식하지 못하는 경우가 많다.

중증 만성 신장 질환 환자의 50%가 심혈관 질환을 앓고 있으며, 이들이 사망할 경우 그 원인의 절반은 심혈관 질환이다. 반면 중증 신장 질환이 없는 사람들의 경우 심혈관 질환이 사망 원인이 되는 비율은 약 25%에 불과하다. 말기 신부전을 앓는 25~34세의 성인이 12개월 내 사망할 위험은 85세의 보통 노인들과 같은 수준이다.

이러한 이유로 신장 질환은 건강을 위해 간과해서는 안 되는 중요한 질환이다. 그러므로 예방하는 것이 가장 바람직하다.

고혈압과 인슐린 저항성, 당뇨병, 흡연은 만성 신장 질환을 유발하는 주요 위험 요인이다. 다행히도 이러한 요인들은 대부분 조절이 가능하기 때문에 신장 질환의 위험을 줄일 수 있다. 여기에 SGLT2 억제제라는 새로운 계열의 약물도 신장 질환 환자의 심혈관 건강을 개선하는 데 도움이 될 수 있다.

신장 질환은 심혈관 질환의 주요 위험 요인이며 종종 조용히 진행되기 때문에 혈액 검사를 통해 신장 기능 상태를 확인하는 것이 중요하다. 만약 신장 기능이 저하되었다면 의학적으로 추가적인 관리가 필요하므로 반드시 의사의 진료를 받아야 한다.

· **신장 질환과 관련된 질환** ·

신장 질환은 다음과 같은 여러 질환의
주요 위험 요인이다.

- 관상동맥 질환
- 심장마비
- 심장기능상실
- 뇌졸중
- 치명적인 심장 부정맥

염증

염증은 죽상경화증의 발생과 진행에 중요한 역할을 한다.
쉽게 말해 콜레스테롤이 동맥 내 플라크 형성을 위한 장작이라면
염증은 그 불을 더욱 키우는 연료와 같다.

염증은 신체의 면역 체계가 손상에 반응하는 작용이다. 심장병의 관점에서 보면 이러한 손상은 종종 동맥 벽에 쌓인 콜레스테롤 입자에 대한 신체 반응과 관련된다. 그러나 류머티즘 관절염과 같은 다른 염증성 질환도 이 과정을 더욱 가속할 수 있다.

콜레스테롤 입자로 인한 손상부터 콜레스테롤 입자의 동맥 벽 통과와 동맥 벽 내 축적, 급속한 플라크 생성, 그리고 결국 심장마비를 유발하는 플라크의 파열까지 죽상경화 과정의 모든 단계는 염증과 관련이 있다.

류머티즘 관절염이나 폐렴과 같은 염증성 질환은 관상동맥 질환을 악화시키는 것으로 알려져 있다. 그렇다면 우리는 염증을 어떻게 측정할 수 있을까? 더 나아가 이를 줄일 수 있는 방법은 무엇일까?

염증 측정하기

염증을 측정하는 가장 일반적인 방법은 혈액을 통한 고감도 C-반응 단백(hsCRP) 검사다. hsCRP는 염증의 지표로 사용되는데 이 수치는 감염이나 외상, 염증성 질환과 같은 다양한 이유로 상승할 수 있다. 하지만 어떤 사람들은 뚜렷한 원인 없이 약간 높은 상태를 유지하기도 한다. 만약 이러한 경우라면 심장병의 위험에 대해 특히 주의해야 한다.

염증과 심장병

염증 수치가 높아질수록 심혈관 질환의 위험도 증가한다. 콜레스테롤 수치는 비교적 정상이고 고감도 C-반응 단백 수치만 높은 경우 콜레스테롤 저하제인 로수바스타틴(156~157쪽 참조)을 복용하면 심장마비와 뇌졸중 발생 가능성이 47% 감소하는 것으로 나타났다. 그러나 이렇게 심장마비 위험이 감소한 것이 스타틴으로 인한 콜레스테롤 저하 효과 때문인지, 단순히 염증 감소 때문인지 여전히 알 수 없었다.

이어진 연구에서 콜레스테롤 수치는 그대로 두고 염증만 줄였는데, 이 경우에도 심장마비 위험이 줄어드는 것으로 확인되었다. 카나키누맙이나 콜히친과 같은 약물이 염증만 표적으로 삼아 심장마비 위험을 15~31% 감소시킨 것이다. 그러나 메토트렉세이트와 같은 다른 항염증 치료제는 이러한 효과를 보이지 않았다. 이러한 사실을 바탕으로 염증 완화 치료에는 보다 표적화된 접근 방식이 필요하다는 것을 알 수 있었다.

자연적으로 염증 줄이기

염증을 줄이기 위해 할 수 있는 일 중에서는 커큐민과 오메가-3 피시오일을 포함한 보충제들이 고감도

• 염증과 심장병 발생 위험

몸속 염증의 기본 수치가 높을수록 심장병 발생 위험도 함께 증가한다. 따라서 염증이 자신의 건강에 문제가 되고 있는지 아는 것은 심장병의 위험을 정확히 파악하는 데 매우 중요하다.

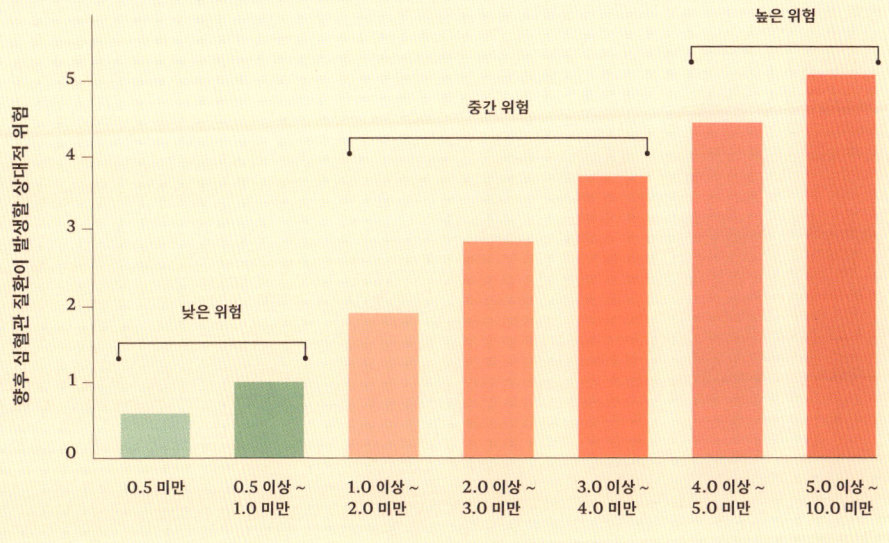

C-반응 단백 수치를 기준으로 볼 때 염증 수치를 낮추는 데 효과가 있는 것으로 나타났다. 하지만 이러한 보충제들이 심장마비 위험을 낮추는 효과가 있는지에 대해서는 아직 검증되지 않았다. 항염증 식품으로 구성된 식단, 예를 들어 녹색 잎채소와 올리브유, 견과류, 토마토, 기름진 생선 등이 포함된 식단이 염증을 줄이는 데 도움이 될 수 있으며, 규칙적인 중강도 운동 또한 강력한 항염 작용을 함으로써 심장병 위험을 줄이는 것으로 일관되게 입증되어 왔다.

염증을 조절하는 것은 앞으로 심혈관 질환의 위험을 관리하는 데 핵심적인 전략이 될 가능성이 크다. 그렇게 될 때까지는 특정 약물과 건강한 식단, 규칙적인 운동이 염증과 싸우는 데 사용할 수 있는 중요한 도구들이다.

대기 오염

**대기 오염은 전 세계에서 네 번째로 높은 사망 원인이다.
아울러 이로 인한 사망자의 62%는 심혈관 질환과 관련이 있다.**

대기 오염은 다양한 입자와 화학 물질이 혼합된 복합적인 현상이지만, 그중에서 가장 잘 알려진 형태는 보통 PM2.5로 알려진 지름 2.5μm 미만의 미세먼지의 농도와 관련이 있다. 고농도의 PM2.5에 노출될 경우 다음과 같은 위험이 증가할 수 있다.

- 조기 사망
- 뇌졸중
- 심장마비
- 고혈압
- 심박동 이상

대기 오염과 심장 건강

고농도의 대기 오염에 노출되면 동맥 벽이 손상되어 혈압이 높아지는 것으로 나타났다. 또한 대기 오염이 심할수록 동맥 내 혈전 형성이 증가해 심장으로 가는 혈류가 줄어들고, 이로 인해 심장마비나 심한 경우 돌연사까지 발생할 수 있다.

이와 더불어 대기 오염은 염증의 변형이나 심박수 변동, 플라크 불안정화, 산화 스트레스 등을 유발해 심혈관 질환의 위험을 증가시킨다. 이러한 변화는 시간이 지나면서 서서히 이루어질 수도 있고, 대기 오염 수치가 급격히 상승하면서 갑자기 나타날 수도 있다.

연평균 PM2.5 노출량이 $10\mu g/m^3$ 증가할 때마다 심장병으로 인한 사망 위험은 16~34% 증가한다.

연간 PM2.5에 대한 노출 안전 기준은 나라마다 다르게 설정되어 있다. 미국은 $12\mu g/m^3$를 기준으로 삼고 있으며, WHO는 과거 $10\mu g/m^3$였던 기준을 최근 연구 결과를 반영해 $5\mu g/m^3$로 낮추었다. 이는 기존에 '안전한' 수준으로 여겨졌던 농도조차 건강에 해로울 수 있다는 연구 결과에 따른 조치다. 현재 전 세계 인구의 90% 이상이 PM2.5의 농도가 $10\mu g/m^3$를 초과하는 지역에 거주하고 있는데, 나라나 지역에 따라 오염 수준에는 큰 차이가 있다. 그 결과 대기 오염으로 인한 건강상의 위험은 지역별로 매우 불균등하게 분포되어 있으며, 전 세계 PM2.5의 평균 농도가 현재 인정하고 있는 안전 기준보다 8배 이상 높을 때도 많다.

특히 중국이나 인도 같은 나라는 PM2.5의 농도가 세계 평균보다 훨씬 높은 수준을 유지하고 있다. 이러한 대기 오염 수준의 차이로 인해 이들 나라의 대기 오염과 관련된 사망률은 대기 오염이 크게 낮은 선진국들보다 대부분 훨씬 높게 나타난다.

• 대기 오염으로 증가하는 심혈관 질환의 위험

대기 오염이 심혈관 건강에 미치는 위험은 가벼운 염증에서부터 심박수 변화, 심지어 돌연사에 이르기까지 다양하게 나타날 수 있다.

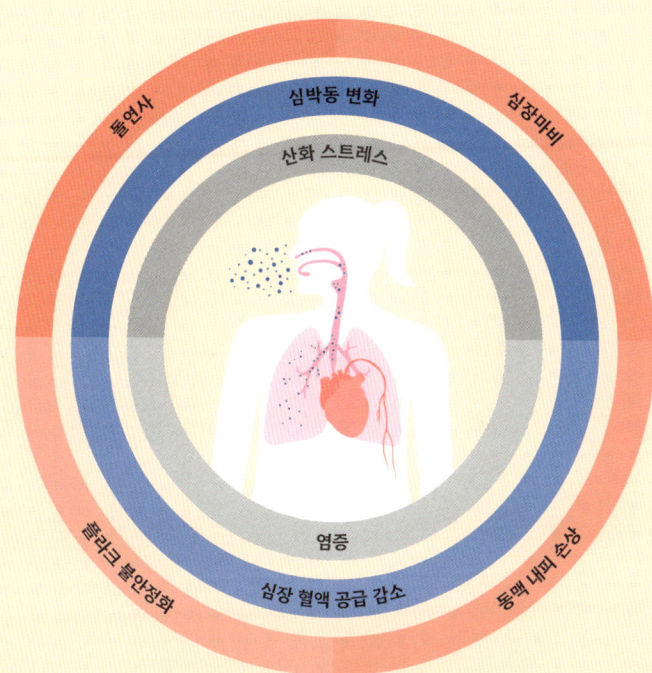

전 세계적으로 문제가 되고 있는 대기 오염

대기 오염 감축은 전 세계적으로 해결해야 할 우선 과제다. 선진국에서는 주로 산업활동과 탄소 기반 발전으로 인해 PM2.5의 수치가 높아지지만 개발도상국에서는 나무나 석탄, 짚, 가축 분뇨와 같은 바이오매스 연료를 가정에서 연소하는 것이 주요 원인으로 작용하고 있다.

전 세계적으로 변화가 생기는 데는 시간이 걸리겠지만 개개인은 거주 지역의 대기질을 항상 확인하는 것이 중요하다. 대기질은 하루하루 달라질 수 있으며, 대부분의 지역에서 날씨 정보 웹사이트나 휴대전화 앱을 통해 확인할 수 있으므로 대기질이 매우 나쁜 날에는 외부 활동을 자제하는 등 노출을 최소화해야 한다.

심장 감염

드물게 발생하며 관상동맥 질환의 위험을 높이는 경향은 없지만,
예방 가능한 심장 질환의 원인이 될 수 있다.

심장과 심장 판막의 감염은 드물게 발생하는 질환으로 세균이나 바이러스, 기생충에 의해 발생할 수 있다. 일부 감염은 예방할 수 있지만 많은 경우 예방이 어렵다. 다행히도 조기에 치료하면 대부분 결과가 매우 좋으며 자연적으로 회복되는 경우도 많다.

심내막염

심장 판막에 생기는 감염이다. 증상은 다양하지만 원인을 알 수 없는 지속적인 고열이 주요 단서가 될 수 있다. 심내막염은 심장 판막에 심각한 손상을 일으킬 수 있으며, 때로는 판막을 교체하거나 복구하기 위해 심장절개술을 해야 할 수도 있다. 심내막염은 보통 수주 간 항생제 치료를 해야 한다. 감염 원인은 피부 감염이나 골수염 같은 다양한 감염원이 될 수 있지만 정맥 주사 약물 사용 중 혈류로 침투한 세균에 의해 발생하는 경우가 가장 흔하다.

류머티즘성 심장병

연쇄상구균으로 생긴 인두염에 대한 면역 반응으로 발생한다. 인두염 자체는 항생제로 쉽게 치료할 수 있지만 간혹 신체의 면역 체계가 과민 반응을 일으켜 심장 판막이 손상될 수 있다. 이로 인해 판막이 좁아지는 경우가 많으며, 이를 치료하려면 침습적 시술을 시행해야 할 수 있다.

심근염

심장 근육에 발생하는 염증성 질환으로 흉통이나 호흡곤란과 같은 심장마비와 유사한 증상이 나타나는 경우가 많다. 일반적으로 바이러스나 세균, 기생충 감염으로 발생하지만 면역 질환이나 약물 반응으로 유발될 수도 있다. 전통적으로 심근염의 가장 흔한 원인은 콕사키 바이러스였지만 코로나 바이러스인 사스 코로나 바이러스2와 이에 대한 백신도 심근염을 유발할 수 있는 것으로 보고된 바 있다.

심낭염

심장을 둘러싸고 있는 조직층인 심낭에 발생하는 염증성 질환이다. 증상은 심근염과 유사하며 심장마비 시 나타나는 심전도 변화와 비슷한 소견을 보이기도 한다. 바이러스 감염이 주원인이지만 결핵이나 말기 신부전, 심장마비의 합병증으로 발생할 수도 있다. 치료는 일반적으로 항염증제를 일정 기간 복용하는 방식으로 이루어진다.

• 심장의 감염 위치

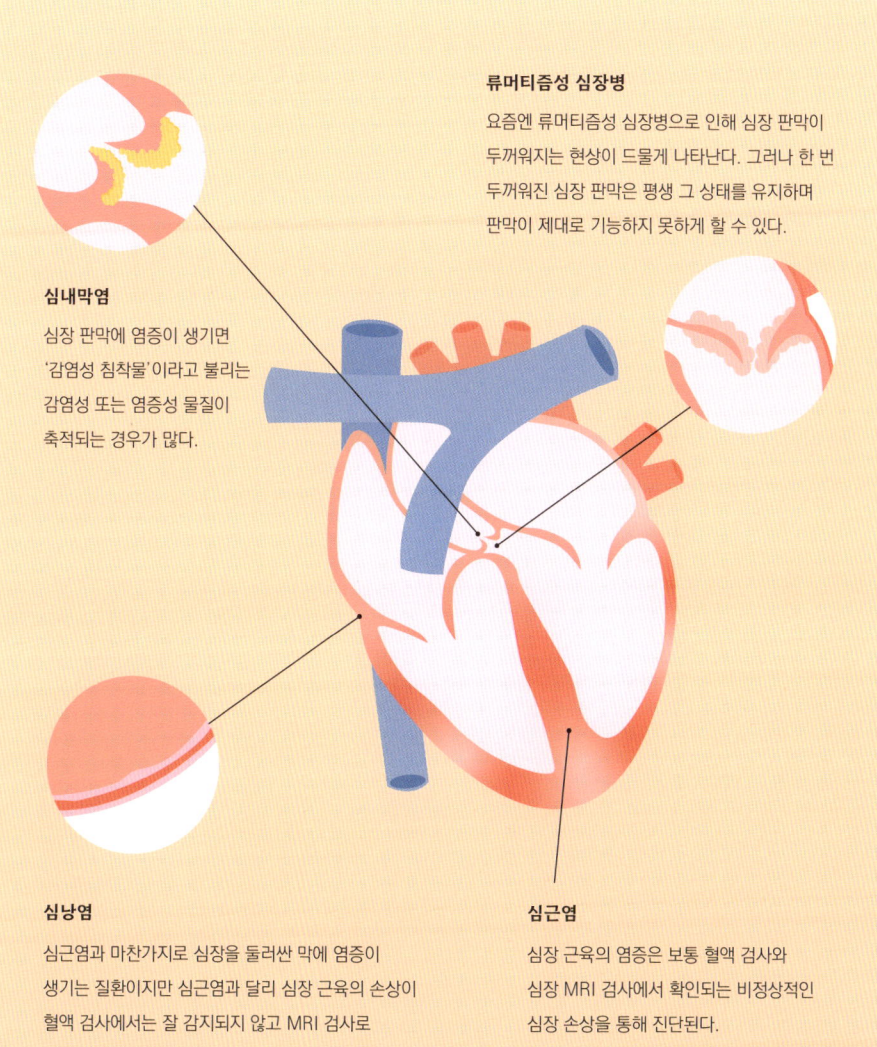

류머티즘성 심장병
요즘엔 류머티즘성 심장병으로 인해 심장 판막이 두꺼워지는 현상이 드물게 나타난다. 그러나 한 번 두꺼워진 심장 판막은 평생 그 상태를 유지하며 판막이 제대로 기능하지 못하게 할 수 있다.

심내막염
심장 판막에 염증이 생기면 '감염성 침착물'이라고 불리는 감염성 또는 염증성 물질이 축적되는 경우가 많다.

심낭염
심근염과 마찬가지로 심장을 둘러싼 막에 염증이 생기는 질환이지만 심근염과 달리 심장 근육의 손상이 혈액 검사에서는 잘 감지되지 않고 MRI 검사로 가장 정확하게 확인된다.

심근염
심장 근육의 염증은 보통 혈액 검사와 심장 MRI 검사에서 확인되는 비정상적인 심장 손상을 통해 진단된다.

사회적 관계

사랑하는 사람이나 소중한 사람과 함께 보내는 시간이 적을수록
심장병을 비롯한 심각한 질환의 위험이 커진다는 것이 다소 놀라울 수도 있다.

우리는 교통과 통신의 발전으로 전보다 더 연결된 세상에 살지만 그 어느 때보다도 소외감을 느낀다. 미국 성인의 절반 이상이 외로움이나 고립감을 경험하고 있으며, 이는 혼자 사는 사람들에게만 국한된 문제가 아니다. 원격 근무가 늘어나면서 대면 접촉과 사회적 교류가 줄어든 사람들도 영향을 받고 있다.

사회적 고립은 젊은 세대에서 더 큰 문제로 나타나고 있다. 18~24세 성인의 79%가 사회적으로 단절되어 있다고 느낀다고 답했지만, 66세 이상은 41%만 같은 응답을 했다. 우리는 사회적 고립과 외로움을 심장병의 위험 요소로 생각하지 않지만 두 요소가 밀접하게 연관되어 있다는 과학적 증거가 있다.

- **전 세계적인 1인 가구 증가 추세**

역사적으로 사람들은 가족과 가까운 지역에서 함께 생활하는 경우가 많았다. 그러나 고도의 산업화와 세계화로 인해 많은 사람들이 가족과 떨어져 도시로 이주함에 따라 사랑하는 사람들과 함께 살지 않고 혼자 지내는 경우가 점차 많아지고 있다.

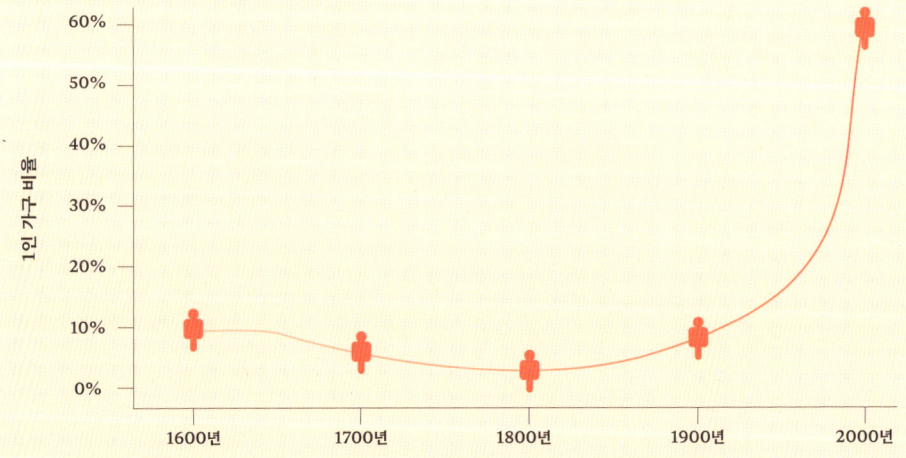

외로움과 관련된 위험 요인

외로움이나 사회적 고립은 다음과 같은 질환의 위험을 증가시킬 수 있다.

- 심장병 위험 29% 증가
- 뇌졸중 위험 32% 증가
- 치매 위험 50% 증가

사회적으로 단절된 사람들은 건강한 생활 습관을 유지할 가능성도 훨씬 낮다. 이는 심장병과 같은 질환의 위험을 증가시키는 주요 요인이 될 수 있다. 연구에 따르면, 사회적 고립이나 외로움이 흡연이나 비만보다 더 큰 위험 요인이 될 수 있다고 한다.

우리에겐 고혈압과 같은 심장병의 생물학적 위험 요인을 관리할 수 있는 다양한 약물이 있지만 외로움을 해결해 줄 약물은 없다. 현대 사회는 사람들이 동료나 친구, 가족과 직접 만나는 시간을 점점 더 줄이도록 구조화되어 가고 있다. 우리는 이전에 사람들과 얼굴을 마주 보며 보냈던 많은 시간을 채팅방이나 소셜 네트워크, 온라인 등 디지털 환경에서 보내는 것으로 대신하고 있다. 하지만 이러한 변화가 반드시 우리에게 긍정적인 영향을 주지는 않는다.

디지털 기술이 제공하는 도구들을 포기할 것까지는 없지만 그 한계를 솔직하게 인식할 필요가 있다. 이 문제를 해결하려면 복잡한 사회적 변화가 필요하겠지만 개인적인 차원에서 실천할 수 있는 일도 있다. 소중한 사람들과 직접 만나 시간을 보내는 것도 운동을 하거나 약을 챙겨 먹는 것만큼 중요하게 여겨야 한다. 그것이 곧 우리의 건강과 행복에 직결되기 때문이다.

· 외로움 관련 통계 ·

미국 성인의 겨우 13% 정도만이 가까운 친구가 10명이 넘는다고 응답했으며,
이는 1990년의 33%와 비교했을 때 크게 줄어든 수치다.

미국 성인의 약 30%가 혼자 살고 있으며, EU에서는 65세 이상
여성의 약 40%가 단독 거주하고 있다.

유전적 요인

일부 유전적 요인은 심장병 조기 발병의 위험을 증가시키며,
그중 몇몇은 거의 확실하게 젊은 나이에 심장병을 일으킨다.
이제 유전이 심장병 위험에 어떤 영향을 미칠 수 있는지 구체적으로 살펴보자.

부모나 조부모, 이모, 고모, 삼촌이 60세 이전에 심장마비를 겪었다면, 특히 그들이 비흡연자이거나 비교적 건강한 생활을 했던 경우라면 유전적 요인이 작용할 가능성이 있음을 경고하는 신호일 수 있다.

유전적 요인이란?

가족성 고지혈증은 유전적 콜레스테롤 장애로서 일반적으로 어린 시절부터 LDL 콜레스테롤 수치가 매우 높은 특징(56~59쪽 참조)이 있다. 정도가 매우 심각한 사람들은 20세 이전에 심장병이 발생하며, 종종 30세를 넘기지 못하고 사망하기도 한다. 다행히도 이 질환은 약 30만 명 중 1명꼴로 드물게 발생한다.

이보다 흔하게 300명 중 1명에서 500명 중 1명꼴로 발생하는 변이형은 어린 시절부터 LDL 콜레스테롤 수치가 다소 높아지는 특징이 있다. 하지만 LDL 콜레스테롤 수치가 높으면 여전히 젊은 나이에 심장병이 발병할 수 있다. 다행히도 이를 조기에 발견하면 콜레스테롤 수치를 크게 낮출 수 있으며, 이에 따라 심장병 조기 발병의 위험도 현저히 줄일 수 있다.

단일 유전자 돌연변이에 의해 발생하는 가장 흔한 유전적 콜레스테롤 장애는 지단백(a)(62~63쪽 참조)의 수치 상승을 유발하는 LPA 유전자 결함이다. 이것은 비교적 흔한 유전자 돌연변이로 전체 인구의 10~20%에서 발견된다.

유전적 위험 진단하기

심혈관 질환의 유전적 위험은 대부분 여러 유전자가 함께 작용하는 다유전자 요인에 의해 발생한다. 이는 단일 유전자의 결함이 아니라 여러 유전자 변이가 복합적으로 영향을 미친 결과다. 이러한 위험은 일반적으로 가족성 고지혈증 검사나 지단백(a) 검사와 같은 전통적인 검사로는 대개 확인되지 않는다. 이처럼 여러 유전자 결함이 함께 작용하는 양상을 분석하고, 이로 인한 심장병 위험을 예측하는 방법을 다유전자 위험 점수 평가라고 한다. 다유전자 위험 점수가 높을수록 젊은 나이에 심장병에 걸릴 가능성이 커진다.

유전적 요인

그러나 현재 이 유전적 위험 점수 평가는 기존의 심혈관 질환 위험 예측 도구에 완전히 통합되어 있지 않다. 관련 데이터는 유용하고 흥미롭지만, 기존의 검사 방법에 비해 실질적인 추가 가치를 제공하는지에 대해서는 여전히 논란이 있다.

다행히도 유전적 변이에 의해 증가한 위험은 대부분 콜레스테롤이나 혈압, 대사 기능 이상과 같은 전통적인 지표를 통해 나타난다. 따라서 유전적 변이를 직접 검사하지 않더라도 이들이 영향을 미치는 위험 요인들을 파악할 수 있다.

또한 다유전자 위험 점수가 높더라도 금연이나 정상 체중 유지, 규칙적인 운동, 건강한 식단 유지와 같은 기본적인 생활 습관을 유지하면 심장병 위험을 절반 가까이 줄일 수 있다.

- **대대로 유전되는 심장병**

가족력을 이해하고 가족 중 조기 심장병을 앓은 사람이 누구인지 파악하는 것은
유전이 자신의 심혈관 질환 위험에 영향을 미치는지 알아보는 중요한 단서가 될 수 있다.

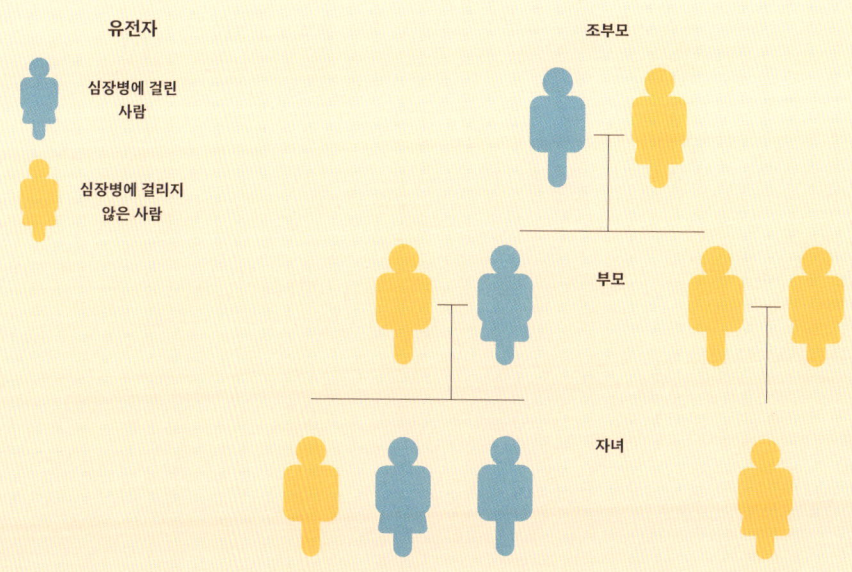

많이 하는 질문들

달걀을 먹으면 콜레스테롤 수치가 올라갈까?

아니다. 달걀에는 콜레스테롤이 많이 함유되어 있지만 식단을 통해 섭취하는 콜레스테롤은 혈액 내 콜레스테롤 수치에 거의 영향을 미치지 않는다. 중요한 것은 혈액 내 콜레스테롤 수치다.

•

HDL 혹은 '좋은' 콜레스테롤 수치가 높으면 LDL 혹은 '나쁜' 콜레스테롤이 높아지는 것을 막아 줄까?

그렇지 않다. HDL 콜레스테롤 수치가 높으면 일반적으로 심혈관 건강에 더 좋은 영향을 미치지만 가장 중요한 것은 HDL 콜레스테롤의 기능이다. 단순히 수치가 높거나 낮은 것으로 심장병 예방 효과가 결정되는 것은 아니다.

•

콜레스테롤 수치가 너무 낮아도 문제가 될까?

아니다. 혈액 내 콜레스테롤 수치는 몸 전체에 저장된 콜레스테롤의 일부에 불과하다. 아직까지 약물을 사용해 콜레스테롤을 매우 낮은 수준으로 조절하는 것이 위험하다는 근거는 없다.

•

콜레스테롤이 대부분 내 몸에서 만들어진다면, 식이요법은 왜 중요할까?

식이요법은 섭취하는 콜레스테롤의 양을 조절하는 것이 목적이 아니다. 음식으로 섭취하는 콜레스테롤은 심장병 위험에 거의 영향을 미치지 않는다. 좋은 식단의 핵심 목적은 체중을 적절하게 유지해 주요 장기에 과도한 지방이 축적되어 대사적 문제를 일으키지 않도록 하는 것이다. 식단을 바꾸면 콜레스테롤 수치를 낮출 수는 있지만 식단 변화가 콜레스테롤 수치를 결정짓는 가장 중요한 요인은 아니다.

'백의 고혈압'이 있어 병원에서만 혈압이 높게 나오는 이유는?

'백의 고혈압'의 가장 흔한 원인은 실제 고혈압이다. 병원이 아닌 다른 곳에서는 정상인지 확인할 방법이 없다면 자신의 혈압이 정상이라고 확신할 수 없을 것이다. 따라서 집에서 혈압을 측정할 수 있도록 가정용 혈압계를 구비하는 것이 좋다.

●

가끔 하는 흡연도 위험할까?

그렇다. 마치 과속을 가끔 해도 위험한 것과 같다. 항상 과속하는 것만큼 위험하지는 않지만 위험성은 존재한다. 위험은 단순히 있다, 없다의 개념이 아니라 정도만 다를 뿐 연속적인 스펙트럼 위에 존재하는 것이다.

●

당뇨병이 없어도 기기를 사용해 혈당을 계속 관찰해야 할까?

당뇨병이 없는 환자는 연속 혈당 모니터링 기기를 사용하지 않아도 된다. 이러한 기기는 특정 음식이 혈당 수치에 어떤 영향을 미치는지에 대한 흥미로운 정보를 제공할 수 있다. 하지만 일시적인 혈당 상승은 정상적인 현상이다. 이러한 기기는 영양 관리를 게임처럼 흥미롭게 만드는 효과가 있을 수 있지만 모든 사람이 반드시 사용할 필요는 없다.

●

부모 중 한 명이 65세 이전에 심장병을 앓았다면 나에게도 영향이 있을까?

그렇다. 하지만 부모 중 한 명이 젊은 나이에 심장병을 앓았다고 해서 반드시 본인이 젊은 나이에 심장병에 걸리는 것은 아니다. 부모의 심장병 조기 발병에는 여러 가지 요인이 영향을 미쳤을 수 있으므로 그러한 요인들이 자신에게도 존재하는지 파악하는 것이 중요하다. 그렇지만 부모가 심장병을 앓기 시작한 나이보다 적어도 10년 전에는 의사와 상담하는 것이 현명한 선택이 될 수 있다.

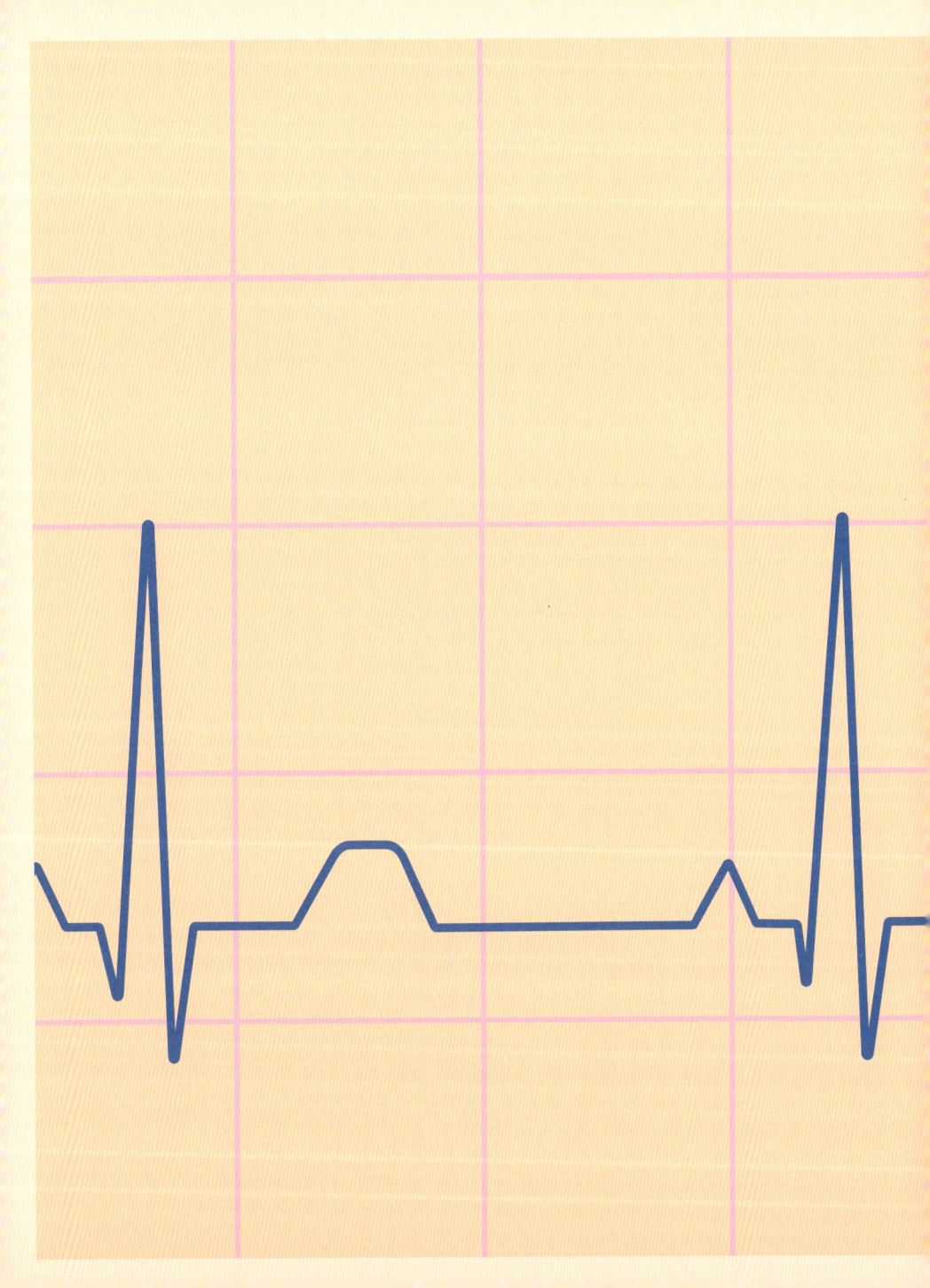

Chapter 4

심장병 위험의 평가 방법

위험도 계산하기

지금까지 심장병의 모든 위험 요인에 대해 살펴보았다.
이제 이 정보를 활용해 개인의 심장병 위험을 계산하는 방법을 알아보자.

심혈관 질환 위험을 평가할 때는 결국 그것이 생명에 미칠 영향을 고려하는 것으로 시작해야 한다. 대다수 성인에게 심혈관 질환이 사망 원인이 될 확률은 약 35%다. 그리고 70대 후반이 되면 관상동맥에 플라크가 상당히 형성되었을 가능성이 약 90%에 달한다.

위험 평가에 포함되는 요인

거의 모든 주요 국제 지침에서는 개개인이 10년 내 심혈관 질환 발생 위험을 평가할 것을 권장한다. 이를 위해 의사와 환자 모두 사용할 수 있는 위험 계산 도구가 여러 가지 있는데, 대부분 다음과 같은 주요 요소들을 기반으로 한다.

- 나이
- 성별
- 인종
- 흡연 여부
- 당뇨병 여부
- 혈압
- 콜레스테롤 수치

일부 10년 위험 계산기에는 그 밖의 다른 요소가 추가되기도 하지만 일반적으로 의사가 심장병 위험을 평가할 때 사용하는 핵심 지표는 앞서 언급한 요소들이다. 그러나 이러한 계산 방식에는 중요한 한계가 있다. 바로 위험을 평가하는 기간이 10년으로 제한된다는 점이다.

10년 위험을 계산해 얻은 결과는 일정 기간 심장마비가 발생하거나 심장병으로 사망할 확률을 백분율로 나타낸 것이다. 이 수치가 매우 높으면 유용한 정보가 되지만 낮은 경우에는 큰 의미가 없을 수 있다. 예를 들어 젊은 사람, 말하자면 40세가 낮은 점수를 받으면 이 점수는 이 사람이 실제로 앞으로 살 기간, 즉 향후 10년이 아니라 40년 내의 심혈관 질환 발생 가능성을 충분히 반영하지 못할 수 있다.

> 의사가 당신의 심혈관 질환 위험을 계산할 때 남은 평생의 위험을 평가하는지 반드시 확인해야 한다.

- **온라인 위험 평가 예시**

다음은 향후 10년 및 평생의 심장병 위험을 계산할 때 사용되는 일부 표준 정보들이다. 혈액 검사 결과와 혈압, 키, 체중 등의 정보를 알고 있다면 온라인 계산기로 직접 계산해도 된다.

현재 나이	40세			
성별	남성 여성			
인종	백인			
수축기 혈압(mmHg)	111	당뇨병력	예	아니오
이완기 혈압(mmHg)	78	흡연 여부	예	아니오
총콜레스테롤(mg/dL)	193	고혈압 치료 여부	예	아니오
HDL 콜레스테롤(mg/dL)	54	스타틴 복용 여부	예	아니오
LDL 콜레스테롤(mg/dL)	85	아스피린 복용 여부	예	아니오

향후 10년 내 죽상경화성 심혈관 질환(ASCVD) 위험	0.7% (낮음)
평생 ASCVD 위험	36%
도달 가능한 최적의 ASCVD 위험	0.6%

위험을 계산할 기간 고려하기

현재 사용되는 위험 계산기로는 젊은 성인들의 10년 내 심혈관 질환 위험이 높게 나오지 않는 경우가 많다. 따라서 이들이 약물 치료를 받을 가능성도 낮아진다. 그러나 평생 위험을 계산하면 심장마비의 위험이 훨씬 높게 나타나며, 이에 따라 약물 치료를 시작하면 이점이 더 클 수 있다. 어떤 경우든 우선 고려해야 할 것은 생활 습관 요인을 먼저 개선하는 것이다.

위험 계산기는 매우 유용한 도구지만 의사가 당신의 위험도를 계산할 때 단순히 향후 10년이 아니라 남은 평생을 고려한 기간으로 평가하는지 반드시 확인해야 한다. 이러한 정보를 알고 있을 때 고콜레스테롤이나 고혈압과 같은 위험 요인을 치료하기 위해 어떤 약을 사용할지를 보다 신중하고 정확하게 결정할 수 있다.

검사 시기와 종류

대개 기본 혈액 검사와 몇 가지 간단한 지표만으로도
충분히 심장병 위험을 정확하게 평가할 수 있다.

언제 검사를 받아야 할까?

답은 매우 간단하다. 바로 지금이다. 모든 성인은 기본적인 혈액 검사를 통해 심장병 위험을 평가해야 하며, 18세부터 시작하는 것이 이상적이다. 나라마다 검사 지침이 다를 수 있지만 가장 큰 혜택을 보는 사람은 바로 본인이다. 따라서 의사가 먼저 검사를 제안할 때까지 기다리지 말고 스스로 검사를 요청하는 것이 중요하다.

최근 젊은 연령층에서도 고콜레스테롤이나 당뇨병, 고혈압, 지방간과 같은 건강상의 문제가 증가하고 있다. 게다가 일부 콜레스테롤 관련 질환은 유전적 요인으로 인해 어린 나이부터 발생할 수 있다. 성인이라면 대부분 매년 한 번씩 정기적으로 건강 검진을 받는 것이 바람직하다.

필요한 검사는 다음 세 가지 주요 범주로 나뉜다.

- **혈액 검사** - 콜레스테롤, 혈당
- **신체 측정 평가** - 혈압, 체중, 체력
- **영상 검사** - 심장 CT 검사

혈액 검사

매년 받아야 할 기본 혈액 검사 항목은 다음과 같다.

- **공복 콜레스테롤 검사** - 총콜레스테롤, LDL·HDL 콜레스테롤, 중성지방, 비-HDL 콜레스테롤
- **공복 혈당 검사** - 당뇨병 진단
- **당화혈색소 검사** - 당뇨병 진단
- **신장 기능 검사** - 신장 건강 진단
- **간 기능 검사** - ALT, AST, GGT, 빌리루빈 측정
- **고감도 C-반응 단백 검사** - 염증 수치 측정
- **요산 검사** - 인슐린 저항성 및 통풍 검사
- **페리틴 검사** - 철분 상태 및 염증 측정
- **갑상선 기능 검사** - 갑상선 건강 진단
- **전혈구 검사(FBC)** - 헤모글로빈 수치 및 빈혈 진단

심층적인 분석을 원하는 경우 다음 특수 혈액 검사를 추가하면 된다.

- **공복 인슐린 검사** - 인슐린 저항성 측정
- **75g 포도당 투여 후 2시간이 지나 인슐린 및 혈당 검사** - 인슐린 저항성 측정
- **공복 APOB 검사** - 심혈관 질환의 위험도를 평가하는 추가 콜레스테롤 측정
- **지단백(a) 검사** - 유전적 요인에 따른 콜레스테롤 변이 측정(평생 한 번 검사)

생체 측정 평가

매년 실시해야 할 기본 검사 항목은 다음과 같다.

- **체중** – 10일 평균 아침 체중
- **허리둘레** – 84~85쪽 참조
- **혈압** – 10일 평균 아침과 저녁 혈압
- **수면 설문지** – 스톱뱅(STOPBang) 수면 무호흡증 진단 설문지

건강 지표로서 체력을 더 정밀하게 평가하고 싶으면 다음 특수 검사를 포함하면 된다.

- **체력 평가** – 최대산소섭취량 측정(113~115쪽 참조)
- **젖산 역치 검사** – 심박수 기반 운동 영역(2구간) 평가
- **근력 측정** – 손아귀힘 측정

몇 가지 영상 촬영 검사

영상 촬영 검사는 일반적으로 개인의 건강 상태를 확인한 뒤 필요에 따라 시행되며, 매년 정기적으로 시행하는 검사는 아니다. 영상 검사마다 장점과 한계가 있으므로 의사와 상담해 적절한 검사를 선택하는 것이 중요하다.

- **덱사 스캔** – 골밀도, 내장지방, 근육량 측정(120~121쪽 참조)
- **관상동맥 칼슘 CT 검사** – 관상동맥 석회화 정도 평가(110~111쪽 참조)
- **관상동맥 CT 혈관조영술** – 관상동맥의 혈류 상태 및 협착 여부 평가(112쪽 참조)

· **복합 검사** ·

혈액 검사와 생체 측정 평가, 영상 검사를 조합해 심장 건강을 평가하는 방법은 시간이 지나면서 더욱 발전할 것이다. 그리고 이는 항상 의사와 상담해 결정하는 것이 가장 좋다. 아울러 일부 검사는 매년 시행하는 것이 좋지만 어떤 검사는 평생 한 번만 받아도 충분하다.

측정하지 않으면
관리할 수 없다.
모르는 것은 변명이
될 수 없다.

심장 컴퓨터 단층 촬영(CT) 검사

심장 CT 검사는 관상동맥에 죽상경화증이 있는지
확인하는 가장 신뢰할 수 있는 비침습적 검사 방법이다.

관상동맥 질환의 존재 여부를 알아보는 가장 좋은 방법은 동맥을 직접 확인하는 것이다. 심장 CT 검사는 이를 효과적으로 수행할 수 있는 유용한 방법으로 다음 두 가지 유형이 있다.

- 관상동맥 칼슘(CAC) CT 검사
- 관상동맥 CT 혈관조영술(CTCA)

심장병 예방의 목표는 관상동맥 내 플라크 형성을 최대한 늦추는 것이다. 이러한 목표를 달성하기 위해서는 언제부터 플라크가 관상동맥에 쌓이기 시작했는지 아는 것이 매우 중요하다. 이를 확인할 수 있는 신뢰할 만한 방법으로는 관상동맥 칼슘 CT 검사와 관상동맥 CT 혈관조영술이라는 두 가지 유형의 심장 CT 검사가 있다.

모든 사람이 심장 CT 검사를 받을 필요는 없지만 자신에게 심장병이 있는지를 보다 객관적으로 알고 싶거나 특정 약물을 복용해야 할지 고민하는 경우 유용한 도구가 될 수 있다.

관상동맥 칼슘 CT 검사

조영제를 사용하지 않는 심장 CT 검사다. 이 검사의 방사선 노출량은 일반적으로 1mSv 미만으로 일반 흉부 엑스레이 촬영 4~5회 분량에 해당하는 수준이다. 관상동맥의 석회화는 죽상경화증의 지표이며 CT 촬영을 통해 확인할 수 있다. 이 검사에서 칼슘의 총량은 아가트스톤 점수(AU)로 보고되는데, 점수가 0이면 석회화된 죽상경화증이 없다는 의미이고, 0보다 큰 값이면 일부 석회화된 죽상경화증이 조금이라도 발견되었다는 것이다. 점수가 높을수록 죽상경화증의 정도가 심하고, 향후 10년 내 심장마비 발생 가능성도 그만큼 높아진다.

관상동맥 칼슘(CAC) 점수가 0이면 석회화된 죽상경화증이 없다는 의미이며, 향후 10년 동안 심장마비 위험이 1~2%로 낮다는 것을 시사한다. 반면에 100을 초과하면 향후 10년 내 심장마비 위험이 증가한 것으로 간주되며 확률은 12~16% 정도 된다. 점수가 1~99 사이면 향후 10년 동안 심장마비 위험이 다소 증가한 것으로 평가된다.

관상동맥 석회화가 심장마비 위험에 미치는 영향을 평가할 때 반드시 고려해야 할 세 가지 주요 요소는 다음과 같다.

- 나이
- 같은 연령대에서의 CAC 점수 백분위
- 위험을 관리하고자 하는 기간

예를 들어 45세 흑인 여성은 관상동맥에 석회화가 존재해 CAC 점수가 0보다 크게 나올 확률이 8%에 불과하다. 그러므로 이 사람이 CAC 점수가 0이라면 이는 향후 10년 내 심장마비 발생 위험이 매우 낮다는 것을 의미한다. 하지만 이 사람은 앞으로 수십 년을 살 가능성이 높기 때문에 평생의 심혈관 질환 위험을 고려해야만 한다. CAC 점수 0은 안심할 만한 결과이긴 해도 평생의 심혈관 질환 위험에 대해서는 많은 정보를 제공하지 못한다.

같은 사람이 CAC 점수 5를 받았다고 치자. 이는 수치만 보면 매우 낮아 보이지만 같은 연령대의 상위 7%에 해당한다. 이것은 이 사람이 또래보다 훨씬 이른 시기에 플라크가 쌓이기 시작했다는 사실을 의미한다. 이 경우 향후 10년 내 심장마비 발생 위험은 여전히 낮지만 평생의 위험은 상당히 증가한다. 왜냐하면 예상보다 훨씬 이른 시기에 플라크가 쌓이기 시작했으므로 또래보다 더 많은 양의 플라크가 누적되었을 가능성이 크고, 그 결과 더 이른 나이에 심장마비가 발생할 위험도 커지기 때문이다.

마지막으로 알아둘 것은 CAC 점수가 0이라고 해서 관상동맥에 플라크가 전혀 없다는 게 아니라는 사실이다. 관상동맥 칼슘 CT 검사는 석회화된 죽상경화증만 평가한다. CAC 점수가 0인 사람 가운데 약 10%는 관상동맥 CT 혈관조영술과 같은 보다 정밀한 검사에서 비석회화 죽상경화증이 발견될 수 있다. 이는 기존의 CAC 점수 검사에서는 확인되지 않는 것이다.

- **관상동맥의 석회화를 보여 주는 관상동맥 칼슘 CT 검사**

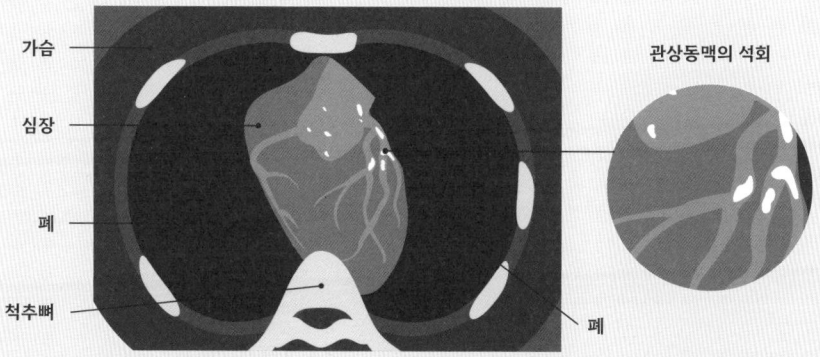

관상동맥 CT 혈관조영술(CTCA)

관상동맥의 상태를 보다 자세히 평가할 수 있는 검사다. 이 검사는 비침습적이지만 정맥 주사로 조영제를 투여해야 하며, 관상동맥 칼슘 CT 검사보다 방사선 노출량이 더 많다. CTCA는 주로 흉통이 있는 환자의 관상동맥 협착성 죽상경화증 여부를 검사할 때 사용되지만 최근에는 관상동맥 죽상경화증의 유무와 진행 정도를 보다 정확하게 평가하는 위험도 분석 도구로도 점점 더 많이 활용되고 있다. CTCA는 관상동맥 칼슘 CT 검사에서 확인할 수 있는 석회화된 죽상경화증뿐만 아니라 관상동맥 칼슘 CT 검사에서는 보이지 않는 비석회화 죽상경화증도 확인할 수 있다. 또한 해부학적으로 훨씬 정밀한 검사이므로 관상동맥 내 플라크가 혈류를 차단할 가능성이 있는지 여부도 알려 준다.

병원에 내원한 흉통 환자가 심장마비를 일으키지 않은 경우 운동부하 검사 대신 CTCA를 시행했을 때 심장병으로 인한 사망 또는 심장마비 발생률이 41% 감소한 것으로 나타났다. 이렇게 급격히 줄어든 주요 원인은 CTCA를 통해 관상동맥에 상당량의 플라크가 존재하는 환자를 더 많이 식별할 수 있었으며, 이들이 적절한 약물 치료를 시작할 수 있었기 때문으로 추정된다. 심장마비 감소가 환자들이 이후 추가적인 시술을 받았기 때문은 아닐 가능성이 높다.

• **관상동맥 CT 혈관조영술**
CTCA는 비석회화 죽상경화증의 존재 여부를 확인할 수 있으며, 플라크가 동맥을 막고 있는지도 알려 준다.

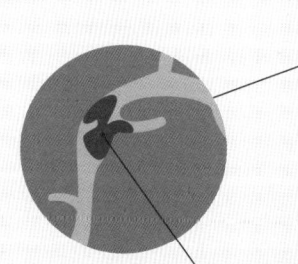
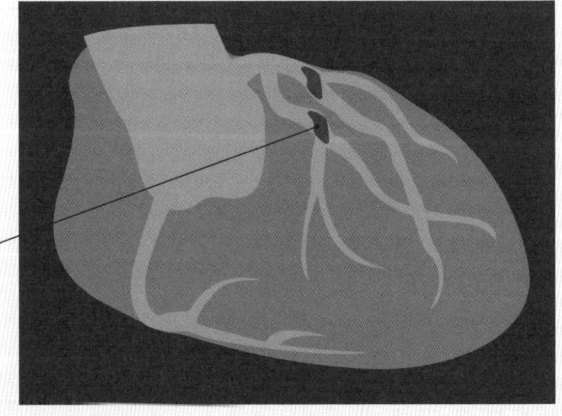

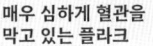
매우 심하게 혈관을 막고 있는 플라크

체력 측정 – 최대산소섭취량(VO2 max)

운동 중 신체가 산소를 최대한 활용할 수 있는 비율을 최대산소섭취량이라고 하며,
이는 예상 수명을 가장 잘 예측하는 지표로 여겨진다.
최대산소섭취량이 높을수록 체력이 좋으며, 더 오래 살 가능성이 높다.

최대산소섭취량은 격렬한 운동 시 혈액에서 추출할 수 있는 산소의 최대량을 측정하는 지표다. 간단히 말해 최대산소섭취량이 높을수록 심장병으로 사망할 가능성이 줄어들며, 이를 늘리는 핵심 요소는 운동이다. 따라서 심장병으로 인한 사망 위험을 줄이고 더 오래 살기 위해서는 몸을 활발하게 움직여야 한다.

최대산소섭취량을 보다 정확하게 측정하는 방법 중 하나는 12분 동안 얼마나 먼 거리를 달릴 수 있는지를 평가하는 쿠퍼 테스트다. 이 테스트를 위한 계산기는 온라인에서 무료로 제공되며 나이, 성별, 달린 거리 등을 입력하면 최대산소섭취량을 계산할 수 있다.

경우가 많다. 예를 들어 스마트워치는 대부분 운동 중 심박수를 기반으로 최대산소섭취량을 대략 추정하는데, 이 방식은 앞에서 설명한 최적의 측정법과 비교하면 결과가 다를 수 있지만 최대산소섭취량이 증가하거나 감소하는 경향을 파악하는 데는 유용하다.

최대산소섭취량 측정하기

가장 신뢰할 수 있는 방법은 트레드밀에서 격렬하게 달리거나 실내 자전거를 타면서 호흡 내 산소와 이산화탄소의 양을 동시에 측정하는 방식이다. 이 방법이 최대산소섭취량을 가장 정확하게 측정할 수 있지만 강도 높은 검사를 원하지 않는 사람들은 정확성은 다소 떨어지더라도 보다 간편한 측정 방법을 선택하는

> 최대산소섭취량이 하위 25%에 속하는 사람들과 비교했을 때 상위 2.3%에 속하는 사람들은 어떤 원인으로든 향후 10년 내 사망할 위험이 5배 낮다.

수치 해석

최대산소섭취량이 상위 2.3%에 속하는 사람들은 하위 25%에 속하는 사람들과 비교했을 때 어떤 원인으로든 향후 10년 내 사망할 위험이 5배 낮다. 심지어 상위 25%에 속하는 것만으로도 같은 기간 동안 사망할 위험이 거의 4배 낮아진다. 장수와 심장병 예방을 목표로 할 때 의학적으로 이 정도의 이점을 제공할 수 있는 방법은 거의 없다.

빠른 속도로 계단을 오르는 데 필요한 최대산소섭취량은 약 30mL/kg/분이며, 이는 대부분의 성인에게 크게 어려운 일은 아니다. 그러나 85세가 되어서도 민첩하게 계단을 오르기 바란다면 30mL/kg/분의 최대산소섭취량을 계속 유지해야 한다.

최대산소섭취량은 일반적으로 나이가 들면서 감소한다. 만약 50세에 30mL/kg/분이라면, 85세가 될 때쯤에는 그보다 훨씬 낮아질 가능성이 크다. 따라서 85세에도 계단을 쉽게 오르고 싶다면 50세에는 최대산소섭취량이 50mL/kg/분 정도는 되어야 한다.

최대산소섭취량으로 측정되는 심폐 지구력은 운동으로 강화할 수 있으며, 자세한 내용은 138~139쪽에서 다룰 것이다. 최대산소섭취량은 전반적인 체력과 건강 상태를 평가할 수 있는 가장 좋은 방법 중 하나다.

· 최대산소섭취량 계산하기 ·

운동 중 최대 심박수와 안정 시 심박수 (일반적으로 아침에 깨어 있을 때의 심박수)를 알고 있다면 다음 공식을 사용해 최대산소섭취량을 계산할 수 있다.

최대산소섭취량 =
15 × 최대 심박수 ÷ 안정 시 심박수

이 값을 이용해 성별이 동일한 같은 나이대 사람들과 자신의 최대산소섭취량을 비교할 수 있다. 이때 적어도 평균 이상에 속하는 것이 이상적이다.

• 최대산소섭취량과 나이에 따른 신체 능력 저하

다음 표는 최대산소섭취량 수치에 따른 남성과 여성의 체력 수준을 나이대별로 대략 나타낸 것이다. 사람들은 대부분 나이가 들면서 최대산소섭취량이 감소하므로 80세에 마음껏 몸을 움직일 수 있으려면 현재 최대산소섭취량이 어느 수준이어야 하는지를 역산해 설정하는 것이 중요하다. 만약 나이가 들어서도 활발하게 움직이고 싶다면 단순히 평균 수준을 목표로 하는 것은 충분하지 않을 수 있다. 예를 들어 계단을 쉽게 오르려면 최대산소섭취량이 약 32 이상이어야 하는데, 이 수치는 60대 이후의 평균보다 높은 수준이다.

남성

체력 수준	나이(세)					
	20~29	30~39	40~49	50~59	60~69	70~79
탁월	53~61	49~56	45~53	42~48	38~45	37~43
좋음	45~52	43~48	39~44	36~41	31~37	30~36
양호	35~44	33~42	31~38	28~35	25~30	23~29
낮음	34 이하	32 이하	30 이하	27 이하	24 이하	22 이하

여성

체력 수준	나이(세)					
	20~29	30~39	40~49	50~59	60~69	70~79
탁월	46~52	43~48	39~44	37~42	32~36	30~35
좋음	38~45	37~42	33~38	31~36	27~31	24~29
양호	31~37	29~36	26~32	24~30	21~26	18~23
낮음	30 이하	28 이하	25 이하	23 이하	20 이하	17 이하

근육량

충분한 근육량은 더 오래 사는 데 중요할 뿐만 아니라 나이가 들면서 몸이 기능적인 독립성을 유지하는 데 더욱 결정적인 역할을 한다. 그런데 80세 무렵에는 근육을 절반가량 잃게 될 가능성이 높다.

사람들은 대부분 삶의 마지막 10년 동안 체중이 감소하기 시작한다. 불행히도 이러한 체중 감소는 상당 부분 근육 손실로 인한 것이며, 이는 신체 기능의 저하와 조기 사망 위험의 증가를 동반한다.

근육량은 훨씬 어린 나이부터 줄어들기 시작하지만 체지방 증가로 그 변화가 가려질 때가 많다. 따라서 전체 체중은 그대로 유지되거나 오히려 증가할 수 있는데, 이는 근육량 감소와 체지방 증가가 동시에 일어나기 때문일 수 있다.

근육량이 줄어드는 시기

근육 손실은 노년기보다 훨씬 이른 시기에 시작된다. 대부분의 성인은 30세 이후 10년마다 근육량의 최대 8%를 잃고, 70세 이후에는 10년마다 최대 15%까지 근육을 잃는다. 병원 입원이나 수술 중 발생하는 근손실은 여기에 포함되지 않는다. 예를 들어 중환자실에 머무는 동안에는 근육량이 하루에 최대 2%까지 감소할 수 있다. 점진적이던 근육 손실이 매

• 나이별 근육량 감소

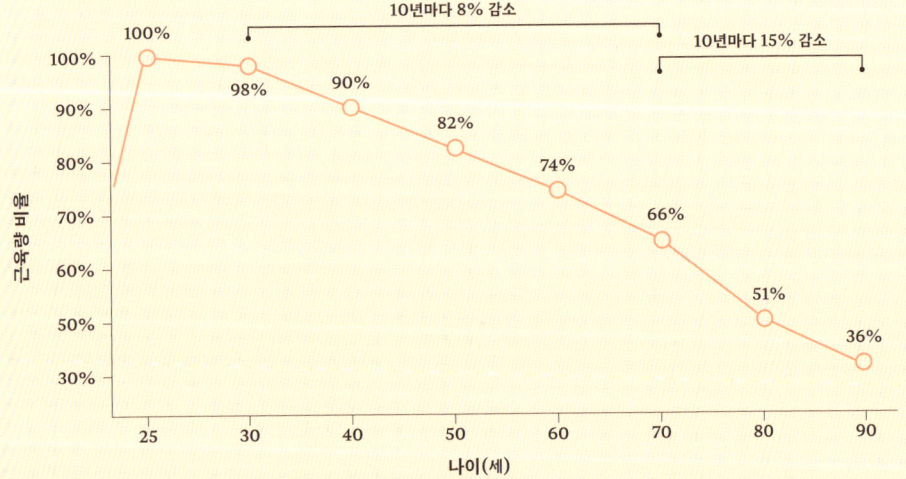

우 심한 상태에 이르면 이를 의학적으로 '근감소증'이라고 한다.

근육량이 가장 낮은 집단은 가장 높은 집단에 비해 관상동맥 질환에 걸릴 위험이 127% 더 높다. 근육량 감소는 인슐린 저항성(80~81쪽 참조)을 유발하고, 신체 활동 수준이 최적에 미치지 못한다는 신호이기도 하다. 이 두 가지는 모두 심장병의 핵심 위험 요인이다.

결론은 분명하다. 근육량이 적을수록 심장병 위험은 커지고 조기 사망의 가능성도 함께 높아진다.

근육량 측정하기

가장 손쉬운 방법은 임피던스 체중계(체성분 분석 체중계-옮긴이)를 사용하는 것이다. 이 기기는 체중과 체지방률을 계산할 뿐만 아니라 근육량의 비율, 즉 흔히 '제지방률'이라는 수치도 추정할 수 있다. 스마트워치나 스마트폰에서 측정하는 최대산소섭취량처럼 이 측정값들도 정확도가 떨어지긴 하지만 근육량의 변화 추이를 관찰하는 데는 도움이 된다. 아울러 임피던스 체중계는 대부분 참조할 수 있는 기준 범위도 함께 제공한다.

근육량을 측정하는 방법 가운데 가장 접근성이 좋고 신뢰도 높은 검사 중 하나는 덱사 스캔(120~121쪽 참조)이다. 이는 주로 골밀도를 측정하는 데 사용되지만 전신의 근육량도 측정할 수 있다. 팔과 다리의 근육 총량을 신장에 맞춰 조정한 값을 사지 근육량 지수(ALMI)라고 한다. 이 지수는 나이와 성별에 따라 수치가 달리 나오는데, 평균이 넘어야 이상적인 수준에 해당한다. 검사 결과지를 보면 자신의 ALMI가 평균에 비해 어느 수준인지 확인할 수 있다. 만약 ALMI가 평균 이하라면 조기 사망과 심장병의 위험이 증가할 수 있다.

다행히도 근육량은 저항 운동이나 근력 운동을 통해 크게 늘릴 수 있다(138~139쪽 참조).

근육량이 적을수록 심장 질환 위험이 높고,
조기 사망 가능성도 커진다.

근력

노년이 되기 전에 근력을 키우고 유지하는 것이 중요하다.
80세에도 장바구니를 쉽게 들고 싶다면 50세에는
그보다 훨씬 무거운 것도 들어 올릴 수 있어야 한다.

근육량이 말 그대로 근육이 얼마나 많은지를 의미한다면 근력은 그 근육이 얼마나 강한지를 나타낸다. 이 둘은 밀접하게 연결되어 있다. 게다가 근력은 근육량보다도 심장병과 조기 사망 위험을 결정하는 더 중요한 요소일 수 있다. 30세 이후 대부분의 성인은 남은 평생 근력을 거의 50% 잃게 된다. 50세에 근력이 조금 줄어드는 것은 삶의 질에 그다지 영향을 미치지 않을 수 있지만 손실이 수십 년간 누적되면 매우 심각해질 수 있다. 예를 들어 80세에는 넘어졌을 때 바닥에서 스스로 일어날 수 있는지 여부가 생사를 가르는 문제가 될 수 있다. 그런데 80세 노인들은 대체로 그럴 만한 근력이 없는 것이 현실이다.

손아귀힘이 셀수록 심혈관 질환은 물론이고 암 발생 위험까지 낮아지는 경향이 있다. 하지만 단순히 손아귀힘만 키운다고 해서 질병에 걸릴 위험이 낮아지는 것은 아니다. 손아귀힘 검사는 전반적인 근력 수준을 나타내는 지표 역할을 한다는 점에서 중요하다.

손아귀힘 검사

근력을 측정하는 방법은 검사 부위에 따라 여러 가지가 있다. 그중 가장 일반적인 방법 중 하나가 손아귀힘 검사다. 손아귀힘 측정계를 사용해 손이 낼 수 있는 최대 힘을 킬로그램 단위로 측정한다.

근력이 감소하면 조기 사망 위험이 크게 높아지는데, 손아귀힘이 5kg 감소할 때마다 심장병으로 사망할 위험이 20% 증가한다. 65세 이상에서는 손아귀힘이 가장 높은 사람과 가장 낮은 사람의 차이가 최대 10kg까지 날 수 있다.

> 근력이 좋다는 것은 오랜 기간 운동을 해왔다는 증거다. 따라서 심혈관계의 전반적인 건강 상태를 나타내는 지표가 될 수 있다.

하체 근력 검사

악력계를 이용한 손아귀힘 검사가 어려운 경우 하체 근력을 평가하는 것이 대체 방법이 될 수 있다. 특별한 장비 없이 의자만 있으면 된다. 일반적인 의자에 앉았다가 완전히 일어서는 동작을 30초 동안 몇 번 수행할 수 있는지를 측정하면 대략적인 근력을 평가할 수 있다. 남성과 여성의 기준 범위는 아래 표에 나와 있다.

근력 향상의 가능성

근육량과 마찬가지로 근력도 운동을 통해 향상시킬 수 있다. 많은 사람들이 근육량을 늘리고 근력을 향상시키는 것은 젊은 사람들이 외모를 가꾸기 위해 하는 일이라고 여기지만, 오래 살면서 심각한 심장병에 걸릴 위험을 줄이려면 모든 나이대에서 반드시 실천해야 할 중요한 일이다.

• **여성과 남성의 하체 근력 기준 값**

30초 동안 의자에서 앉았다가 일어서는 횟수는 근력을 평가하는 좋은 기준이 된다. 아래는 여성과 남성의 참조 값이다. 일반적으로 건강을 고려할 때는 평균 이상을 목표로 하는 것이 바람직하다.

나이(세)	여성			남성		
	평균 이하	평균	평균 이상	평균 이하	평균	평균 이상
60~64	12 미만	12~17	17 초과	14 미만	14~19	19 초과
65~69	11 미만	11~16	16 초과	12 미만	12~18	18 초과
70~74	10 미만	10~15	15 초과	12 미만	12~17	17 초과
75~79	10 미만	10~15	15 초과	11 미만	11~17	17 초과
80~84	9 미만	9~14	14 초과	10 미만	10~15	15 초과
85~89	8 미만	8~13	13 초과	8 미만	8~14	14 초과
90~94	4 미만	4~11	11 초과	7 미만	7~12	12 초과

덱사 스캔

주로 골밀도를 측정하고 내장지방 수준과 근육량을 측정하는 데 사용된다.
이 두 가지는 모두 심혈관 건강의 중요한 예측 요인이다.

덱사(DEXA) 스캔은 쉽게 이용할 수 있는 저선량 엑스레이 검사로 뼈 건강에 대한 정보를 제공할 뿐만 아니라 신체의 근육량과 지방량을 측정할 수 있다.

허리둘레는 심혈관 건강을 평가하는 핵심 지표로 주로 내장지방의 유용한 대리 지표로 활용된다(84~85쪽 참조). 과도한 내장지방은 염증과 인슐린 저항성을 유발하는 주요 요인이며, 결과적으로 죽상경화증 발생 위험을 높이는 중요한 요인이 된다. 덱사 스캔은 이러한 내장지방의 축적량을 추정하는 가장 쉽고 정확한 방법 중 하나다.

덱사 스캔은 성인이라면 모두 받아 볼 만한 검사다. 특히 내장지방 수준과 근육량을 장기적 관점에서 객관적으로 추적하고 싶은 경우에 유용하다. 그러나 여성들은 주로 뼈의 건강 상태를 알아보기 위해 이 검사를 많이 받고, 이 검사가 측정하는 다른 중요 지표들에 대해 충분히 안내받지 못하는 경우가 많다.

내장지방 측정하기

최신 덱사 스캐너는 대부분 내장지방량을 직접 추정할 수 있다. 과도한 내장지방이 건강에 영향을 미치는 정도는 나이와 성별에 따라 다르지만 일반적으로 같은 나이대와 성별을 가진 사람 중 내장지방량이 하위 25% 미만에 속하도록 유지하는 것이 이상적이다.

내장지방량을 측정하려면 추가 소프트웨어가 필요할 수 있는데, 구형 덱사 스캐너에는 이러한 기능이 없을 수도 있다. 이 경우에는 간접적인 방법으로 '상체 대 하체 지방 비율(A/G 지방 비율)'을 활용해 내장지방량을 추정할 수 있다. A/G 지방 비율의 목표치는 남성 1.0 미만, 여성 0.8 미만이 적절한 것으로 여겨진다.

덱사 스캔은 체지방률도 함께 제공하는데, 이는 건강상의 위험과 어느 정도 연관성이 있을 뿐이고 실제로 중요한 지표는 내장지방 수준이다.

근육량 측정하기

덱사 스캔은 근육량도 정확하게 추정한다. 장수 및 심혈관 질환과 밀접한 관련이 있는 근육량의 가장 신뢰할 수 있는 지표 중 하나는 사지 근육량 지수(ALMI)로 이는 팔과 다리의 총근육량을 키에 맞게 조정한 값이다. 적절한 근육량은 나이와 성별에 따라 다르지만 일반적으로 상위 50% 이상을 목표로 하는 것이 좋은 출발점이며, 상위 25% 이상이 되면 건강에 매우 좋다. 근육량을 적절하게 유지하려면 단백질을 충분히 섭취하고 규칙적으로 저항 운동을 해야 한다(138~141쪽 참조).

근육량은 적고 체지방이 많은 사람의 경우 근감소증이라는 고위험 질환이 있을 수 있으며, 이는 덱사 스캔을 통해 쉽게 확인할 수 있다.

뼈 건강 측정하기

덱사 스캔은 폐경 후 여성의 뼈 건강 상태를 측정하는 데 자주 사용되지만 심혈관 질환의 위험을 평가하는 데도 중요한 정보를 제공할 수 있다. 남성에게는 뼈 건강이 문제가 되는 경우가 상대적으로 덜 하지만 덱사 스캔은 남성의 내장지방 수준과 근육량을 측정하는 데도 유용하다.

- **덱사 스캔의 측정 항목**

주로 골밀도와 지방량을 측정하지만 근육량도 추정할 수 있다. 또한 지방의 분포를 분석함으로써 지방이 주로 복강 내에 위치해 더 위험한 내장지방일 가능성이 있는지도 확인할 수 있다.

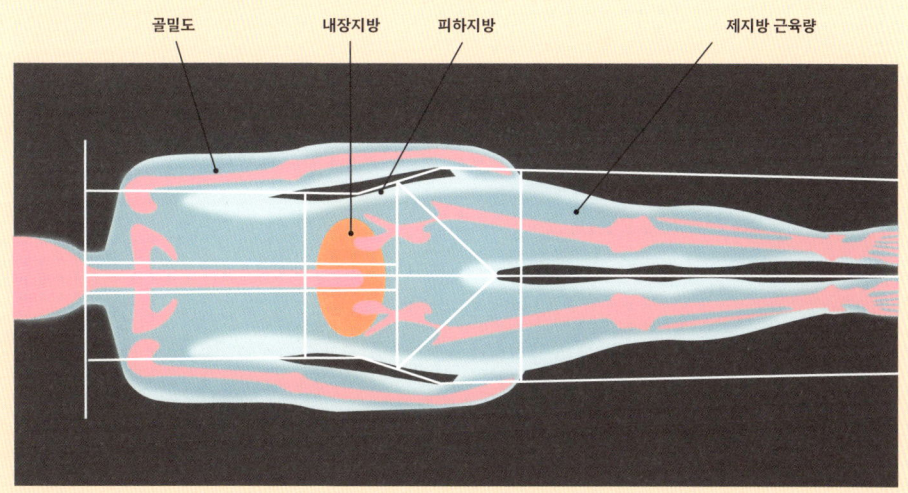

운동부하 검사

심장병 검진의 일환으로 시행되는 경우가 많지만 그 효과에는 한계가 있을 수 있다.
운동부하 검사의 진정한 가치는 개인의 체력 수준을 평가하는 데 있다.

병원에서 실시한 운동부하 검사에서 '아주 좋은 결과'를 받았는데 불과 2주 후에 심장마비를 겪은 사람이 있다면, 이런 경우 검사에서 놓친 게 있는 것일까? 꼭 그렇지는 않다. 이 점을 이해하는 것이 심장병을 올바르게 인식하는 데 중요하다. 운동부하 검사는 관상동맥 질환이 있는지를 직접적으로 진단하는 검사가 아니라 협착성 관상동맥 질환이 있을 가능성을 평가하는 검사다. 이 차이를 이해하는 것이 중요한 이유는 대부분의 심장마비가 협착성이 아닌 비협착성 관상동맥 질환으로 인해 발생하기 때문이다.

대부분의 운동부하 검사는 브루스 프로토콜이라는 방법을 따른다. 이는 협착성 관상동맥 질환이 의심되는 사람이 트레드밀 위에서 점진적으로 강도를 높이며 운동을 계속하는 검사로 목표 심박수에 도달하거나, 심전도에 이상이 나타나거나, 흉통을 느끼거나, 더 이상 운동을 지속할 수 없을 때 종료된다.

이 검사의 핵심은 '협착성 관상동맥 질환이 의심되는 경우'에 시행된다는 점이며, 결과를 해석할 때도 이를 고려해야 한다. 증상이 없는 사람에게 시행할 경우 정확도는 약 50%에 불과하다. 특히 여성은 정확도가 더 낮다. 이 검사는 플라크 자체를 측정하는 것이 아니라 협착된 플라크만을 감지하기 때문에 광범위한 비협착성 관상동맥 질환이 있는 고위험 환자의 경우라도 이상을 발견하지 못하기 쉽다. 이러한 이유로 인해 운동부하 검사에서는 아무 문제가 없었는데도 얼마 후 심장마비가 올 수 있는 것이다.

유용한 데이터

하지만 운동부하 검사 결과는 중점적으로 봐야 할 것이 무엇인지 알고 보면 중요한 정보를 얻을 수 있다. 모든 운동부하 검사에는 검사 중 개인이 소모한 에너지의 양이 메츠(METs), 즉 운동 대사당량이라는 단위로 계산된다. 앉아서 쉬고 있을 때 사용되는 에너지는 1MET이고, 10METs는 격렬한 축구 경기를 하는 동안 소모되는 에너지의 양과 맞먹는다. METs와 최대산소섭취량(113~115쪽 참조)은 서로 밀접하게 연관되어 있다. 소모할 수 있는 METs 수치가 높을수록 최대산소섭취량과 체력도 함께 높아진다. 그리고 모두 알다시피 체력이 좋을수록 심장병으로 사망할 가능성이 낮다.

> **· METs와 사망 위험 ·**
>
> 운동부하 검사에서 다음 수치를 기록한
> 사람들의 사망 위험 감소율(6METs를
> 기록한 사람 대비)은 다음과 같다.
>
> • **8METs** – 사망 위험 21% 감소
> • **10METs** – 사망 위험 45% 감소
> • **13METs** – 사망 위험 57% 감소

운동부하 검사

• **운동부하 검사 과정**

혈압 측정기 가압대
운동부하 검사를 하는 동안 혈압이 계속 측정된다. 운동 중 혈압 상승은 정상적인 반응이지만 혈압이 지나치게 높거나 낮게 기록된 경우 이상이 있는 검사 결과로 여겨질 수 있다.

모니터
심전도를 연속적으로 기록하며 모든 검사 결과가 혈압, METs와 함께 실시간으로 표시된다.

전극
여러 개의 전극이 운동 중 심장의 전기적 활동을 측정한다.

트레드밀
속도와 경사도를 점점 높이면서 검사를 진행한다. 자전거를 이용해 난이도를 점진적으로 높이는 방식으로도 수행할 수 있다.

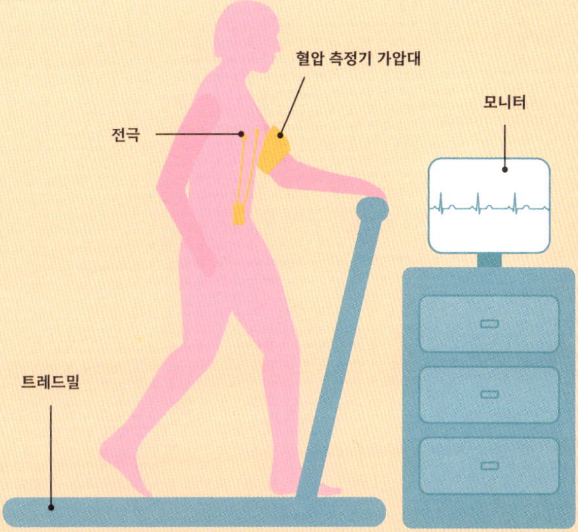

이 관계는 역상관 관계다. 즉 METs 수치가 높을수록 심장병 위험은 낮아진다. 운동부하 검사에서 METs 수치가 가장 낮은 집단과 가장 높은 집단을 비교해 보니 높은 집단이 향후 6년 안에 사망할 확률이 53% 더 낮은 것으로 나타났다.

운동부하 검사는 조기 사망 위험을 평가하는 유용한 도구가 될 수 있는데, 그 이유는 사람들이 흔히 생각하는 것과 다르다. 검사에서 이상 소견이 나왔는지에만 집중하지 말고 자신이 얼마나 METs를 많이 소모할 수 있는지를 살펴보라. 그 수치가 보고서의 다른 어떤 정보보다도 훨씬 더 많은 사실을 알려 줄 것이다.

혈압 모니터링하기

전체 성인의 50% 이상이 앓고 있는 고혈압은 전 세계적으로 주요한 사망 위험 요인이다. 따라서 자신의 혈압을 알고 정확하게 측정하는 것은 심장 질환 위험을 평가하는 데 매우 중요하다.

병원이나 의원에서 측정한 혈압은 신뢰도가 낮은 것으로 악명이 높다. 환자들이 긴장하는 경우가 많아 집에서 측정한 혈압과 다르게 나올 수 있기 때문이다. 이로 인해 실제로 고혈압이 아닌데도 과잉 치료를 받기도 하고, 이와 반대로 '백의 고혈압'이라 해서 의사 앞에서만 혈압이 높게 나오는 것으로 여겨져 고혈압인데도 치료를 받지 못하는 경우도 흔하다.

정확한 혈압 측정법

혈압을 정확하게 측정하는 가장 신뢰할 수 있는 방법은 병원 밖에서 시행하는 다음 두 가지 측정 방식이다.

1. 24시간 연속 혈압 모니터링하기
2. 가정에서 여러 차례 혈압 측정하기

24시간 연속 혈압 모니터링

혈압을 평가하는 가장 일반적인 방법으로 팔에 부착된 혈압 측정용 가압대가 하루 종일 일정한 간격으로 자동 팽창하며 주기적으로 혈압을 측정한다.

이 방법의 장점은 혈압 데이터를 충분히 확보할 수 있다는 점과 수면을 취하는 동안 야간 시간대의 혈압까지 측정할 수 있다는 것이다. 그리고 측정 결과 보고서에는 평균 수축기 혈압과 이완기 혈압뿐만 아니라 심박수 정보도 함께 제공된다. 이때 자는 동안에는 대개 혈압이 떨어지는데, 충분히 떨어지지 않거나 너무 많이 떨어질 경우 심혈관 질환의 위험이 증가했거나 신장 손상 가능성이 있다는 것을 알리는 징후가 될 수도 있다.

가정에서 여러 차례 측정하기

24시간 연속 혈압 모니터링의 대안으로 가정용 혈압 측정기를 이용해 직접 혈압을 측정하는 방법이 있다. 가정용 혈압 측정기는 구하기도 쉽고 사용법도 어렵지 않다.

보통 아침에 일어나자마자 다리를 꼬지 않은 채 편안히 앉아 3~5분간 안정된 상태를 유지한 후 세 차례 정도 연속 혈압을 측정하면 된다. 첫 번째 측정값은 평균보다 높은 경우가 많으므로 이를 제외하고 나머지 두 번의 평균을 내는 것이 좋다. 이 과정을 저녁에도 일정한 시간에 반복하는 것이 이상적이다. 약 10일 정도 이 과정을 반복하면서 아침과 저녁의 평균 혈압을 기록해야 한다. 그리고 나서 10일 동안 측정한 아침과 저녁의 평균 혈압을 계산해 최종적인 혈압 수치를 산출한다.

이 방법의 장점은 집에서 쉽게 할 수 있고 특별한 장비가 필요 없다는 점이다. 게다가 1년에 여러 번 반복할 수 있어 혈압의 변화를 지속적으로 추적 관찰하는 데 유용하다. 특히 의사의 진료 전이나 혈압에 영향을 주는 약물을 바꾼 후에 시행하면 혈압의 변화를 확인하는 데 도움이 된다.

하지만 가정 내 혈압 측정 방식은 수면 중 야간 혈압을 측정할 수 없다는 단점이 있다. 다만 하루 동안만 측정하는 24시간 혈압 모니터링과 달리 10일 동안 여러 번 측정한 값을 얻는다는 점에서 이러한 단점을 어느 정도 보완할 수 있다. 모든 고혈압 환자, 심지어 건강한 사람도 최소 연 4회 혈압을 측정해 기록하기를 권장한다. 만약 혈압이 계속 높게 측정된다면 반드시 의사와 상담해야 한다.

고혈압은 모르고 지나가기 쉽지만 조기에 발견하면 치료도 쉽다. 가정에서 혈압을 측정하면 고혈압으로 인한 심장 질환 위험을 효과적으로 줄일 수 있다.

• **자가 혈압 측정법**

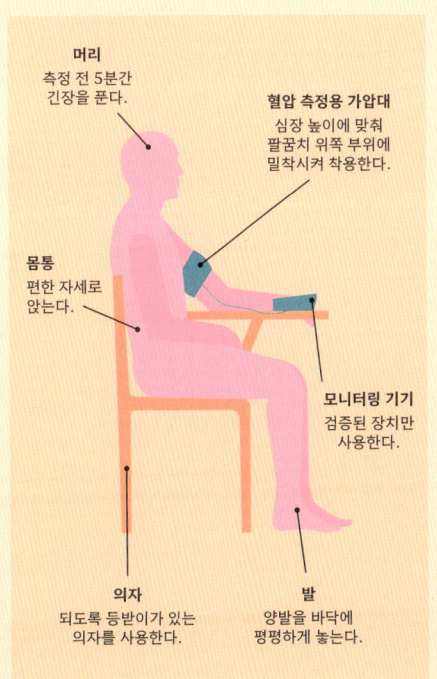

머리 측정 전 5분간 긴장을 푼다.

혈압 측정용 가압대 심장 높이에 맞춰 팔꿈치 위쪽 부위에 밀착시켜 착용한다.

몸통 편한 자세로 앉는다.

모니터링 기기 검증된 장치만 사용한다.

의자 되도록 등받이가 있는 의자를 사용한다.

발 양발을 바닥에 평평하게 놓는다.

많이 하는 질문들

혈압 측정기는 위팔용과 손목용 중 어떤 것을 선택해야 할까?

팔 위쪽에 착용하는 혈압 측정기를 사용하는 것이 좋다. 일부 기기는 손목에 착용하는 팽창식 가압대나 팽창하지 않는 팔찌 형태로 혈압을 측정할 수 있다. 이러한 기기는 전통적인 위팔용 혈압 측정기보다 착용이 편하지만 실제 사용 경험에 따르면 정확도가 떨어지는 경향이 있다. 손목 혈압 측정기는 위팔용 혈압 측정기와 비교한 정확도 연구에서 검증을 받았지만 실생활에서 측정할 때는 정확도가 충분히 유지되지 않는 경우가 많다. 따라서 더욱 신뢰할 수 있는 수치를 얻으려면 위팔용 혈압 측정기를 사용하는 것이 좋다.

•

모든 사람에게 침습적 혈관조영술을 시행해 심장병 여부를 확인하지 않는 이유는 무엇일까?

침습적 혈관조영술은 동맥에 카테터를 삽입해 심장까지 보내는 검사이기 때문에 이 과정에서 심장마비나 뇌졸중, 심지어 사망에 이를 수 있는 위험이 다소 존재한다. 가능성은 매우 낮지만 완전히 배제할 수 없으므로 가능한 한 덜 침습적인 검사를 통해 최대한의 정보를 얻는 것이 중요하다. 이에 대한 대안으로 심장 CT 검사가 고려될 수 있는데, 비침습적 검사라 해도 시행 여부는 신중하게 결정해야 한다.

•

혈액 검사는 1년에 한 번이면 충분할까?

일반적으로 그렇다. 그러나 새로운 증상이 나타나거나 복용하는 약물을 바꾼 경우 혈액 검사를 더 자주 해야 할 수도 있다. 즉 개인의 건강 상태에 따라 다르다.

집에서 할 수 있는 건강 진단 검사는 무엇이 있을까?

영상 검사를 제외하면 이 장에서 다룬 검사는 대부분 집에서 할 수 있다. 혈압 측정과 체중 관리, 체력 테스트뿐만 아니라 손끝 채혈로 간단하게 시행할 수 있는 혈액 검사도 가능하다.

•

의사에게 혈압과 콜레스테롤 수치가 정상이라고 들었는데, 그래도 심장병을 걱정해야 할까?

그렇다. 정상 혈압과 정상 LDL 콜레스테롤 수치는 관상동맥 질환의 발생 가능성을 낮춰 주지만 심장병에 걸리지 않는다는 보장은 되지 않는다. 심장병의 위험을 보다 정확하게 평가하려면 다른 검사들도 함께 받아 보는 것이 좋다(108~109쪽 참조).

•

고콜레스테롤은 심장병과 같은 것일까?

아니다. 높은 LDL 콜레스테롤은 심장병의 위험 요인 중 하나일 뿐이다. 심장병의 위험을 증가시키는 요인은 다양하며, LDL 콜레스테롤 수치가 유일한 원인은 아니다.

•

정기적으로 영상 검사를 받으면 방사선 때문에 위험할까?

일반적으로 어떤 영상 검사든 방사선 노출을 최소화하는 것이 목표다. CT나 엑스레이 같은 일부 검사는 방사선이 필요하지만 초음파나 MRI 검사는 방사선을 사용하지 않는다. 유년기에 영상 검사를 여러 번 받아 방사선에 매우 많이 노출되면 특정 암의 발병률이 증가할 수 있다는 연구가 있긴 하지만 다행히 이런 경우는 매우 드물다.

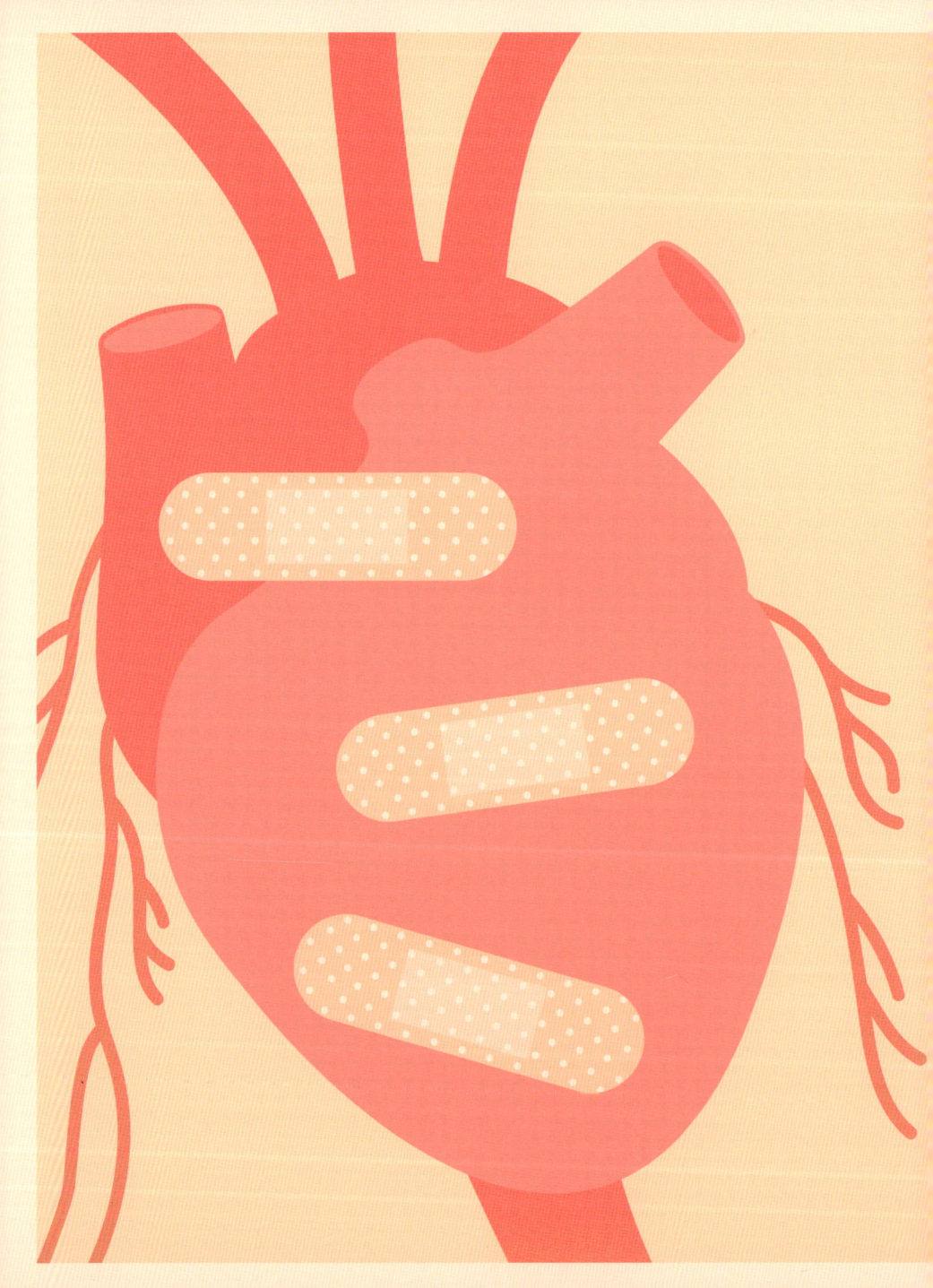

Chapter 5

심혈관 질환 위험 줄이기

위험을 줄이는 일반 원칙

심장병 예방은 단 하나의 요인만이 아니라 여러 가지 요인이 복합적으로 작용하는 과정이다. 따라서 특정 요소에만 집중하기보다는 전체적인 건강관리 원칙을 세우고 실천하는 것이 중요하다.

기본적으로 죽상경화증은 동맥 벽을 통과한 콜레스테롤 입자가 혈관 내에 축적되는 과정이다. 이를 예방하기 위해서는 동맥 벽을 건강하게 유지하고 혈관을 통과하는 콜레스테롤 입자의 수를 줄이는 데 초점을 맞춰야 한다.

테니스공 비유

죽상경화증은 이렇게 비유할 수 있다. 콜레스테롤 입자는 테니스공, 동맥 벽은 유리창에 해당한다. 죽상경화증이란 '테니스공'을 유리창에 던졌을 때 테니스공이 유리창을 뚫고 지나가 반대편에 갇히는 상태를 말한다. 콜레스테롤 수치가 어릴 때부터 높다면 더 오랫동안 더 많은 테니스공을 던지는 셈이 된다. 시간이 지날수록 더 많은 테니스공이 유리를 때리게 되면 결국 유리가 깨질 확률이 높아진다. 명심해야 한다. 이는 확률의 문제다.

혈압이 높다면 테니스공을 더 세게 던지는 것과 같다. 당뇨병이 있다면 테니스공이 아니라 훨씬 단단한 골프공을 던지는 셈이 된다. 지단백(a) 수치가 높다면(62~63쪽 참조) 테니스공이 아니라 크리켓공을 던지는 셈이고, 염증 수치가 높다면(92~93쪽 참조) 유리창에 작은 균열이 생긴 것이다.

담배를 피우면 상황이 완전히 달라진다. 테니스공을 던지는 것이 아니라 망치로 유리창을 내려치는 것과 같아서 공이 유리를 그대로 통과해 버린다. 하지만 젊은 비흡연자가 콜레스테롤 수치가 높다면 유리창이 매우 튼튼할 가능성이 높다. 이 경우 테니스공은 대부분 유리에 부딪혀 튕겨 나가고 내부에 남아 쌓이지 않는다.

중요한 것은 유리창을 가능한 한 오랫동안 튼튼하게 유지하고 평생 테니스공을 적게, 약하게 던지는 것이다. 게다가 골프공이나 크리켓공을 던지거나 망치를 휘두르는 일은 절대 없어야 한다!

> 나이가 들수록 동맥 벽의 강도, 즉 이 비유에 나오는 유리창은 점점 약해지기 시작한다.

'유리를 깨뜨리지 않는' 네 가지 방법

1. 콜레스테롤 수치를 평생 되도록 낮게 유지하기
2. 인슐린 저항성과 대사증후군, 당뇨병을 피하고 대사 건강 유지하기
3. 고혈압을 예방하거나 적극적으로 치료하기
4. 절대 금연하기

이들 지침을 모두 따르면 젊은 나이에 죽상경화증이 발생할 가능성을 크게 줄일 수 있다. 동맥 벽은 나이가 많이 들면 결국 약해지기 마련이지만 죽상경화증 '때문에' 죽는 것이 아니라 그저 그것을 '지닌 채' 생을 마감하는 것을 목표로 삼는 게 이상적이다.

• 테니스공 비유

죽상경화증은 확률 게임이다. 죽상경화증을 테니스공(콜레스테롤 입자)이 유리창을 통과하는 것으로 상상해 보자. 콜레스테롤 수치가 높으면 테니스공이 더 많이 던져지고, 혈압이 높으면 더 세게 던져진다. 당뇨병이 있거나 지단백(a) 수치가 높으면 테니스공이 골프공이나 크리켓공으로 변한다. 테니스공을 가능한 한 적게, 그리고 약하게 던져 유리창이 깨질 가능성을 줄이는 것이 중요하다.

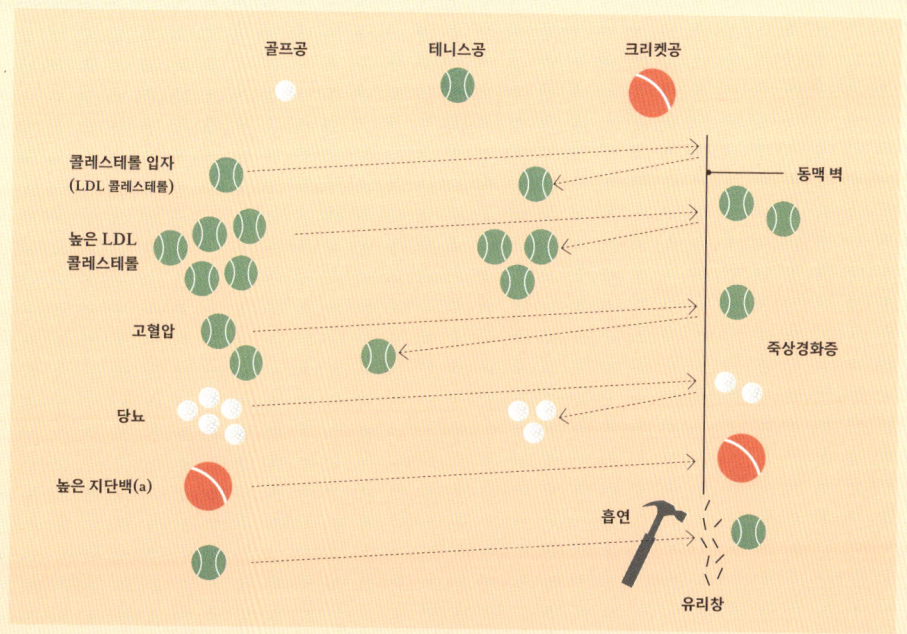

우리가 해야 할 일을 하지 않는 이유와
이를 변화시키는 방법

우리는 어떤 선택을 하는 것이 가장 좋은지 잘 알고 있지만
실제로는 실천하지 않거나 잠깐 해보다가 포기해 버린다. 왜 그러는 것일까?

심장병의 원인은 복잡하지만 예방은 그렇지 않다. 물론 신경 써야 할 의학적인 요소들이 있긴 하지만 기본 원칙은 단순하다. 충분한 수면, 스트레스 최소화, 꾸준한 신체 활동, 건강한 식습관이 핵심인 것이다.

대부분 어릴 때 어머니가 강조했던 생활 습관만 잘 지켜도 충분하다. 우리는 모두 건강을 위해 해야 할 일이 무엇인지 알고 있지만 실천하지 않는 경우가 많다.

과 달리 우리는 매일 저강도의 만성 스트레스에 노출되어 살아간다. 또한 현대의 식생활 관련 환경은 고열량 가공식품을 손쉽게 선택하도록 끊임없이 유도하며 질 낮은 식사를 하게 한다.

일터나 상점에 걷거나 자전거로 가기보다 차를 타고 움직이고, 이웃과 얼굴을 마주할 기회도 점점 줄어든다. 환경은 언제나 더 편하고 덜 움직이는 선택을 하도록 동기를 부여하기 때문이다.

동기에 의해 결정되는 인간의 행동

왜 우리는 무한한 무료 정보가 넘쳐나는 세상에 살고 있으면서도 수면이 부족하고, 과도한 스트레스에 시달리며, 운동을 충분히 하지 않고, 식습관도 나쁜 것일까? 그 핵심에는 바로 '동기', 즉 우리의 행동을 유도하는 내적·외적 자극이 있다.

인간은 동기에 따라 움직이는 존재다. 그리고 대부분의 행동은 어떤 동기가 작용하느냐에 따라 결정된다. 이 동기를 만들어 내는 가장 큰 요인은 환경이다.

우리는 하루 종일 스마트폰에 집중하느라 수면 시간까지 빼앗긴다. 현대인의 삶은 조상들의 삶보다 훨씬 복잡하다. 조상들의 스트레스는 짧고 강렬했던 것

선택의 문제

우리는 언제든 선택할 수 있는 권리가 있다고 생각하지만 과연 그럴까? 마트나 편의점에 진열된 음식들을 한번 살펴보자. 만약 선택 가능한 음식이 모두 좋지 않은 것들뿐이라면 그것을 정말 '선택'이라고 할 수 있을까?

안타깝게도 우리는 수면이나 정서적 건강, 운동, 영양과 관련해 올바른 선택을 하기 어렵게 설계된 환경에서 살고 있다. 그래서 스스로 무엇을 해야 하는지 알면서도 실천하지 못하는 것이다.

변화를 위한 동력

의지만으로는 이 문제를 해결할 수 없다. 더 나은 선택을 할 수 있도록 스스로 환경을 만들어야 한다.

- 잠자리에 들 때 스마트폰을 다른 방에 두기

- 일요일에 한 주 동안 먹을 음식을 미리 준비해 계획적으로 식단 관리하기

- 일과 인간관계가 자신의 정서적 건강에 미치는 영향을 고민하고, 변화가 필요한지 또는 어려운 대화를 나눠야 할지 생각해 보기

- 운동 계획을 일정표에 적어 두고 상사와의 회의만큼 중요한 약속으로 간주하기

결국 우리는 모두 어려움 없이 자연스럽게 올바른 선택을 할 수 있는 환경을 조성해야 한다. 이렇게 하면 건강한 생활을 유지하는 데 굳은 의지가 크게 필요하지 않다. 건강을 위한 목표를 이루지 못했다고 의지가 부족하다며 자책하기 전에 목표를 더 쉽게 달성할 수 있도록 환경을 어떻게 바꿀 수 있을지 생각해 보자. 환경을 바꾸면 성공할 가능성이 크게 높아진다. 행동에 영향을 주는 환경을 바꾸면 결과도 당연히 달라진다.

보통 우리는 해야 하는 일을 하지 않고,
'하고 싶어지도록 유도된 일'을 한다.

시간의 범위 생각하기

대부분의 임상 시험은 3~5년의 시간을 두고 진행되지만 우리는 앞으로 30~50년 동안 우리에게 영향을 미칠 요소들을 고려해야 한다. 그런데 단기적인 연구 결과와 장기적 관점에서의 결론은 크게 다를 수 있다.

연구 기간의 중요성

임상 시험은 결과뿐 아니라 기간도 중요하게 봐야 한다. 예를 들어 20세의 젊은 성인을 대상으로 혈압강하제와 위약을 비교하는 연구를 3년간 했다고 가정하자. 이 기간에 심장마비나 뇌졸중 발생률이 줄어들었다는 결과가 나오기는 어려울 것이다. 그렇지만 이렇게 짧은 기간 내에 의미 있는 차이가 나타나지 않는 것은 당연한 일이다.

반면 같은 연구를 20년 동안 진행한다면 차이가 뚜렷하게 나타날 것이다. 하지만 비용 문제로 인해 20년 동안 진행되는 연구는 거의 없다. 그렇다면 젊은 고혈압 환자는 적절한 임상 시험이 없다는 이유로 치료를 받지 말아야 할까? 당연히 그렇지 않다.

이는 위험이 더 큰 고령층을 대상으로 한 연구 결과를 참조해야 한다는 의미일 뿐이다. 이러한 연구에서는 비교적 기간이 짧더라도 치료 효과가 뚜렷하게 나타날 가능성이 크기 때문이다. 거기다 혈압을 낮추면 심장 건강에 유익하다는 다른 연구 결과들도 함께 고려할 수 있다.

이러한 개념은 고혈압뿐만 아니라 높은 LDL 콜레스테롤 수치와 같은 다른 심혈관 질환 위험 요인에도 똑같이 적용된다.

단기간의 위험

우리는 항상 남은 생애 동안의 위험을 줄이는 것을 고려해야 한다. 이 원칙은 거의 모든 위험 요소에 적용되지만 LDL 콜레스테롤을 예로 들어 설명해 보자. LDL 콜레스테롤 수치가 147mg/dL인 30세 남성이 있다고 가정하자. 이 남성은 체중과 혈압은 정상 범위에 있지만 가족력이 있어 심장마비의 위험이 존재한다. 이 경우 이 사람이 40세까지 심장마비를 겪을 확률은 0.7%다. 여기서 약물로 LDL 콜레스테롤을 77mg/dL까지 낮춘다면 확률은 0.5%로 줄어들게 되는데, 이는 크게 감소한 것이 아니다.

그렇다면 이런 경우 약물 치료를 시작하는 것이 의미가 있을까? 이는 기간을 어느 정도로 고려하는지에 따라 달라진다. 만약 향후 10년 동안의 위험만 본다면, 어쩌면 약물 치료는 큰 의미가 없을 것이다.

평생의 위험

이번에는 같은 사람이 80세까지 심장마비를 겪을 확률을 살펴보자. 평균 수명을 고려했을 때 이 사람은 치료를 받지 않으면 심장마비나 뇌졸중에 걸릴 위험이 39%까지 상승한다. 반면 LDL 콜레스테롤을 77mg/dL까지 낮추고 50년 동안 유지한다면 그 위험은 11.9%로 줄어든다. 이는 매우 큰 감소폭이다.

우리가 가장 중요하게 관심을 가져야 할 것은 향후 50년간의 장기적인 위험 감소다. 심장마비나 뇌졸중은 평생의 위험이 더 중요하므로 단기적으로 10년간의 위험만 보는 것으로는 충분하지 않다.

따라서 위험 요인을 줄이려고 할 때, 특히 젊은 사람이라면 어느 정도의 기간을 고려할 것인지 항상 생각해야 한다. 대부분의 사람들에게 그 기간은 남은 평생이 될 것이다.

- **시간의 흐름에 따른 심장마비 또는 뇌졸중 위험**

젊은 나이에는 심혈관 질환의 위험을 절반으로 줄여도 큰 차이가 없을 수 있다. 이 시기는 기본적으로 위험 자체가 낮기 때문이다. 하지만 80세에 심혈관 질환의 위험을 절반으로 줄인다면, 그 영향은 훨씬 더 크다.

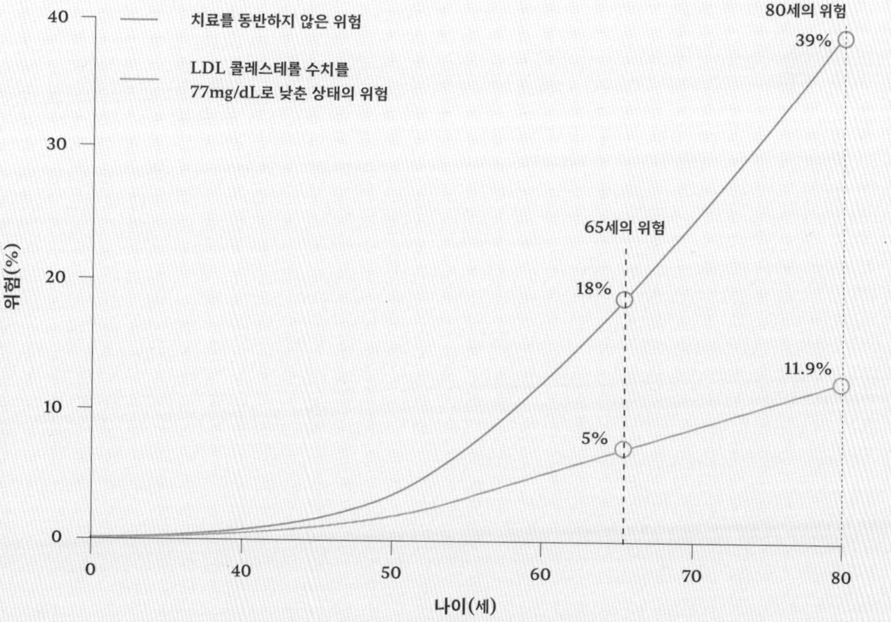

대사증후군 예방이 문제 해결의 열쇠인 이유

대사증후군은 심혈관 질환과 여러 가지 암, 치매의 위험을 증폭시키는 요인이다. 하지만 충분히 예방할 수 있으며 누구나 이를 피하는 것을 목표로 삼아야 한다.

대사증후군은 인슐린 저항성이 악화되는 것을 특징으로 하며, 이에 대한 자세한 내용은 86~87쪽에서 다루었다. 대사증후군의 요소가 많을수록 그렇지 않은 사람보다 조기에 사망할 위험이 커진다. 대사증후군의 요소에는 허리둘레 증가와 고혈압, 공복 혈당 상승, 높은 중성지방 수치, 낮은 HDL 콜레스테롤 수치 등이 있다.

심장병 예방의 목표는 질 높은 삶을 누리며 더 오래 사는 데 있다. 하지만 심장병뿐만 아니라 수명을 단축하거나 삶의 질을 낮출 수 있는 다른 주요 질환들도 항상 염두에 두어야 한다. 대사증후군과 인슐린 저항성 예방은 단순히 심장병의 위험을 줄이는 것뿐만 아니라 다양한 건강상의 문제를 예방하는 핵심 요소다.

인슐린 저항성과 대사증후군을 예방하거나 이미 앓고 있는 경우 정상으로 되돌리는 방법은 80~81, 86~87쪽에 자세히 설명되어 있다. 그렇지만 여기서 핵심은 이들을 예방하는 것이 심혈관 질환을 넘어 다양한 건강상의 이점을 제공한다는 사실이다.

미국 성인의 88%는 대사증후군의 요소를 최소 한 가지 이상 지니고 있다. 이들 중 많은 사람들은 비알코올성 지방간이나 폐쇄성 수면 무호흡증, 심장기능상실 및 기타 질환을 관리하기 위해 여러 전문 분야의 의사를 찾아가는데, 이 모든 질환의 공통적인 핵심 요소는 대사증후군이다. 앞에서 언급한 질환 중 다수는 대사증후군을 예방하거나 치료함으로써 피할 수 있으며, 이는 충분히 가능한 일이다.

대사증후군을 예방하면 나이가 들면서 사람들이 대부분 겪게 되는 질병들의 근본 원인을 해결하는 셈이 된다.

> **· 대사증후군 ·**
>
> 대사증후군은 관상동맥 질환의 중요한 위험 요인이다. 게다가 다음과 같은 질환의 주요 위험 요인이기도 하다.
>
> - 심장기능상실
> - 치매
> - 당뇨병
> - 심방세동
> - 폐쇄성 수면 무호흡증
> - 비알코올성 지방간
> - 여러 종류의 암

• 운동이 당뇨병에 미치는 긍정적인 효과

METs(대사당량)는 운동 중 소비되는 에너지를 측정하는 단위다. 1MET는 휴식 시 소비되는 에너지, 4METs는 정원 가꾸기, 10METs는 격렬한 축구 경기를 할 때 소비되는 에너지에 해당한다. 운동 중 높은 수준의 METs를 유지할 수 있는 사람은 당뇨병에 걸릴 확률이 훨씬 낮다.

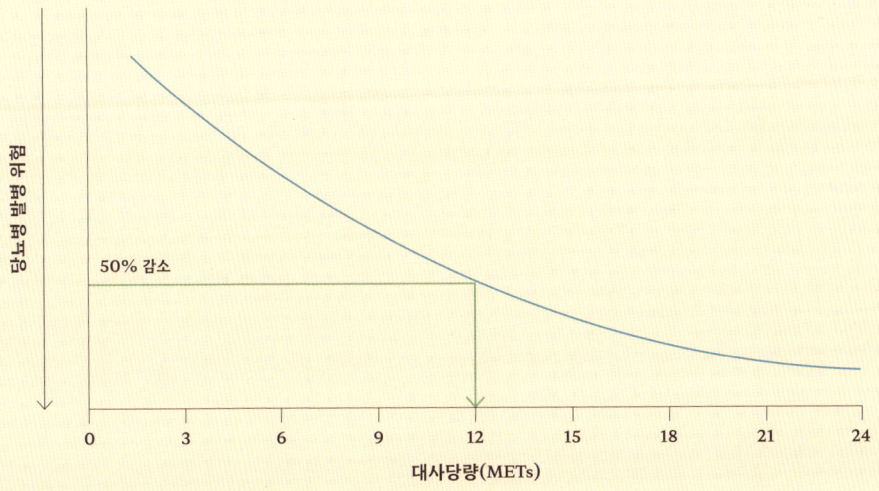

건강관리 방법을 개선하려면
먼저 건강을 바로잡아야 한다.
건강을 바로잡으려면 인슐린 저항성과
대사증후군을 반드시 예방해야 한다.

건강을 위한 운동

체력이 좋은 사람들은 혈관 질환에 걸릴 확률이 매우 낮다. 그러므로
심혈관 질환의 위험을 줄이려면 운동을 우선순위에 두는 것이 중요하다.

운동은 다양한 것을 의미할 수 있다. 앞서 설명한 바와 같이 최대산소섭취량(113~115쪽 참조)과 근력(118~119쪽 참조), 근육량(116~117쪽 참조)이 부족한 상태는 심혈관 건강이 좋지 않은 것과 밀접한 관련이 있다.

이러한 체력 지표들을 최적화하려면 몸이 먼저 유연성과 안정성이라는 튼튼한 기반을 갖춰야 한다. 이런 기반이 없는 상태에서 운동량을 갑자기 늘리면 부상의 위험이 커질 수 있기 때문이다. 유연성과 안정성을 높이려면 전문가의 평가를 받고 개인별 맞춤 지도를 받아야 한다.

운동의 유형

최적의 심장 건강을 위해 실천해야 할 두 가지 운동 유형에 대해 살펴보자.

유산소 운동

일반적으로 정해진 심박수 구간에서 일정한 강도로 이루어지는 활동을 의미한다. 이 운동은 대부분 1구간과 2구간에서 이루어져야 하며, 이들 구간은 체지방을 에너지원으로 활용할 수 있는 정도로 구분된다. 이들 구간에 해당하는 정확한 심박수는 젖산 역치 검사를 통해 측정할 수 있으며, 이 검사는 대부분의 스포츠 의학 센터에서 받을 수 있다.

하지만 2구간은 운동 중 체감하는 운동 강도를 기반으로 어느 정도 추정할 수 있다. 일반적으로 2구간은 운동 중 전화로 회의를 하면서 말은 할 수 있지만 상대방이 내가 운동 중이라는 것을 알아차릴 수 있는 강도로 정의된다.

1구간은 2구간에 해당하는 심박수 범위에 도달하지 않는 모든 활동으로, 예를 들면 걷기와 같은 저강도 활동이 해당한다.

1구간과 2구간에서의 운동 외에도 전체 유산소 운동 중 약 5~10%는 더 높은 강도(4구간과 5구간)에서 수행해야 최대산소섭취량을 높일 수 있다. 3구간은 많은 사람이 흔히 하는 운동 구간이지만 지방 연소 능력을 효과적으로 키우는 것도 아니고 최대산소섭취량을 높이는 데도 비효율적이어서 보통은 피하는 것이 좋다. 성인은 최소한 일주일에 150분 이상 중간 강도에서 고강도 사이의 신체 활동을 해야 하며, 이는 일반적으로 1구간과 2구간에서 운동하는 것에 해당한다.

저항 운동

근육량을 늘리고 근력을 향상하려면 저항 운동이 필요하다. 근육이 외부 저항에 맞서 움직이는 운동인 저항 운동은 시간이 지남에 따라 저항을 점차 늘리는 것이 중요하다. 일반적으로는 웨이트 트레이닝이 여

두 가지 주요 운동 유형

· 심박수 구간별
운동 강도의 체감 정도 ·

1구간
편안하게 대화를 나눌 수 있는 수준

2구간
문장 단위로 말하기 쉬운 수준

3구간
한 단어씩 말하기 편한 수준

4구간
말하기 어려운 수준

5구간
대화가 거의 불가능해서
전혀 하지 않는 수준

기에 포함되는데, 처음 시작하는 사람들에게는 자기 체중을 이용한 운동도 충분한 저항이 될 수 있다. 저항 운동에서 수행하는 동작들은 많은 사람에게 생소할 수 있으므로 올바른 자세와 방법을 익혀 부상을 방지해야 한다. 모든 성인은 주 2회 이상 저항 운동을 하는 것이 좋으며, 이때 유산소 운동과 유연성 운동, 안정성 운동도 함께 하는 것이 바람직하다.

운동 시작하기

체력을 높은 수준으로 유지하면 심혈관 질환으로 인한 사망 위험을 절반으로 줄일 수 있다. 사실상 이 정도의 효과를 제공하는 방법은 운동 말고 거의 없다. 주간 운동 권장량을 충족하려면 적지 않은 시간이 필요하지만 이 시간을 운동에 투자하지 않으면 매우 큰 대가를 치러야 할 것이다. 어떤 수준으로 운동을 시작할지는 개인마다 다르며, 대부분 전문가의 지도를 받으면 크게 도움이 된다.

현재 체력 수준이 어떤 상태든 일반적으로 몸을 움직이면 움직일수록 더 좋다. 운동은 규칙적으로 하지 않더라도 조금씩이라도 꾸준히 하면 확실히 건강에 도움이 된다. 어떤 식으로 해야 할지 고민이 된다면 전문가의 도움을 받는 것도 좋은 방법이다. 적은 양으로 시작해서 점차 운동량을 늘려가 보자.

올바른 영양 섭취

심장 건강에 도움이 되는 영양 섭취의 핵심은 주로
과도한 내장지방으로 인한 대사적 문제를 예방하는 것이다.

영양과 심장 건강이라는 주제는 다소 혼란스러울 수 있다. 하지만 꼭 그렇게 생각하지 않아도 된다. 접근할 수 있는 식이요법이 다양하긴 해도 대부분 비슷한 몇 가지 핵심 원칙을 따르기 때문이다.

영양 섭취의 핵심 원칙

첫 번째 원칙은 식단에 포함되는 음식은 고도로 가공된 식품이 아닌 '진짜 음식'이어야 한다는 것이다(144~145쪽 참조). 진짜 음식을 구별하는 방법은 어렵지 않다. 바코드가 없고, 포장 용기에 담겨 있지 않으며, 재료가 하나뿐이고, 할머니 시대에도 존재했을 법한 음식이면 된다. 일반적으로 집에서 직접 조리한 음식이 가장 이상적이며, 천연 재료를 사용하고, 고도로 가공된 성분은 거의 없는 음식이 바람직하다.

과도한 내장지방은 심혈관 질환의 위험을 높이는 주요 요인이므로 목표는 내장지방을 줄이는 것이어야 한다. 이는 체중, 특히 체지방을 줄이는 것으로 달성할 수 있다. 영양 관리는 이 목표를 달성하는 데 매우 효과적인 방법이다.

미네랄과 비타민을 적절히 섭취하는 등 식단의 특정 요소가 건강에 이로운 것은 사실이지만 무엇보다 중요한 것은 체중 감량을 통해 내장지방을 최소화하는 것이다(84~85쪽 참조). 만약 내장지방이 문제가 되지 않는다면 현재 체중을 유지할 수 있는 열량과 단백질을 적절히 섭취하는 것을 목표로 설정하는 것이 바람직하다.

열량, 단백질, 탄수화물

체중 감량, 특히 내장지방을 줄이려면 열량 적자를 유지해야 한다. 즉 열량을 섭취하는 것보다 더 많이 소모해야 한다. 방법은 다양하다.

그중 식이요법은 여러 방법이 있어 혼란스러울 수 있는데, 핵심 원칙은 자신이 열량 적자를 유지하기 위해 섭취할 수 있는 최대 열량을 파악하는 것이다. 온라인 열량 계산기를 이용하면 나이와 성별, 활동 수준을 고려해 쉽게 계산할 수 있다.

다음 단계는 단백질을 충분히 섭취하고 있는지 확인하는 것이다. 저항 운동을 포함해 운동을 규칙적으로 하는 성인의 경우 체중 1kg당 하루 최소 1g의 단백질을 섭취해야 하는데, 실제로는 2g에 가까운 수준이 더 적절할 수도 있다. 이 정도의 단백질 섭취는 하루 필요 열량의 약 25%를 차지한다. 나머지 열량은 지방과 탄수화물로 채우면 되는데, 되도록 자연식품에서 섭취하는 것이 좋다. 지방과 탄수화물의 비율은 LDL 콜레스테롤 수치와 같은 개인의 건강 지표가 정상 범위 내에 있으면 스스로 알아서 조절하면 된다.

저탄수화물 식단은 단백질을 충분히 섭취하고, 부족한 열량은 탄수화물보다 지방을 더 많이 섭취해 보

- **다양한 식단의 영양 구성**

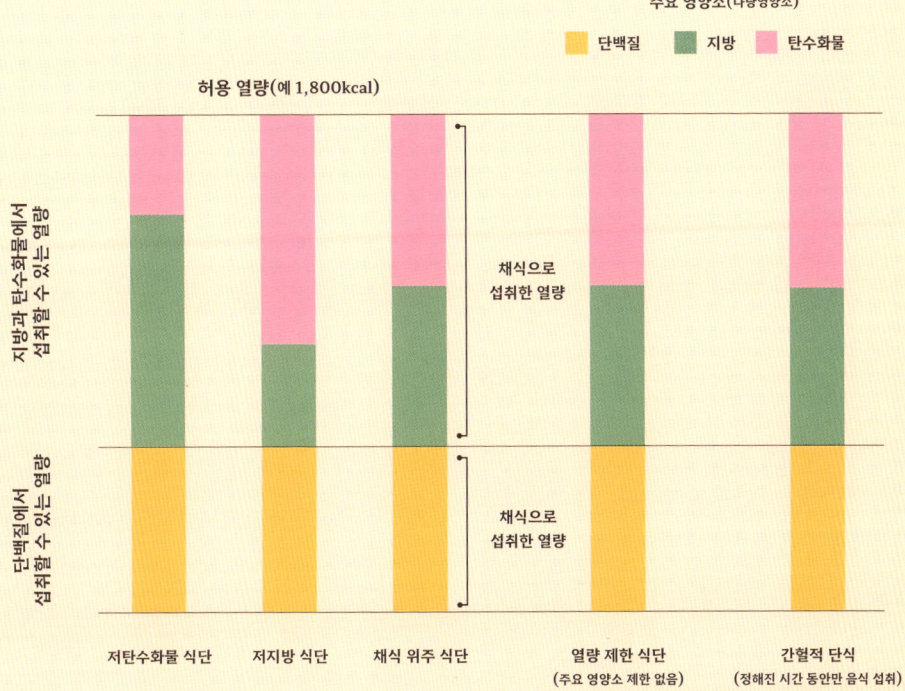

충하는 방식이다. 반대로 저지방 식단은 단백질을 충분히 섭취하고, 부족한 열량을 지방보다 탄수화물을 더 많이 섭취해 보충하는 방식이다. 채식 위주 식단은 단백질을 충분히 섭취하고, 지방과 탄수화물 모두 식물성 '진짜 음식'에서 얻는다.

간헐적 단식이란 하루에 필요한 단백질을 충분히 섭취하고 부족한 열량은 지방과 탄수화물로 채우되, 하루 중 정해진 시간대(예를 들어 정오부터 저녁 8시)에만 음식을 먹는 방식이다. 이 시간대 외에는 음식을 먹지 않는다. 이들 방식은 모두 열량과 단백질 섭취 목표를 달성하기 위한 다양한 접근법들로 자신에게 가장 적합한 것을 선택하면 된다.

여기에 제시된 내용은 매우 단순화된 접근 방식이다. 더 전문적인 도움이 필요하다면 공인 자격을 갖춘 영양사나 전문가와 상담하는 것이 좋다.

지방, 소금, 알코올

이 세 가지 주제는 올바른 영양 섭취와 관련해 많은 혼란을 불러일으킬 수 있다.
최대한 명확하게 정리해 보자.

지방이나 탄수화물, 소금 같은 특정 요소가 건강에 좋은지 나쁜지를 묻는 질문에 대한 답은 매우 간단하다. 상황에 따라 다르다는 것이다.

지방에는 다음 네 가지 주요 유형이 있다.

- 포화지방
- 다불포화지방
- 단일불포화지방
- 트랜스지방

지방이 함유된 음식은 모두 이러한 지방이 섞여 있으며, 일반적으로 특정 지방만을 완전히 배제하기는 거의 불가능하다. 지방은 열량이 높아 조금만 먹어도 열량을 과도하게 섭취하기 쉽다. 하지만 지방이 무조건 나쁜 것은 아니다. 지방 섭취에 대한 여러 장기 연구 결과들은 종종 혼란을 주기도 하고, 특정한 방향을 시사하는 연구 결과가 있더라도 그러한 주장을 뒷받침하는 근거가 의심스러운 경우가 많다.

이는 연구자나 과학 자체의 신뢰성 문제 때문이 아니라 장기적인 식이 연구가 수행하기 매우 어려운 데다 연구 도중 다양한 변수가 개입해 결과의 신뢰도가 떨어지기 때문이다. 지방에 대한 더 명확한 답이 있으면 좋겠지만 아직은 없는 실정이다.

어떤 지방을 섭취해야 할까?

장기적인 식이 연구가 과학적으로 정확성이 떨어진다는 점을 전제로 할 때 다음과 같은 내용이 비교적 합리적인 결론으로 보인다.

- 지방은 어떤 종류든 과도하게 섭취하면 체중이 증가할 수 있다.
- 트랜스지방은 절대 먹지 말아야 한다.
- 지방은 가공식품이 아닌 '진짜 음식'에서 섭취한다.
- 식단의 주요 지방은 단일불포화지방 위주로 구성하되 올리브유와 아보카도, 다불포화지방도 함께 섭취하는 것이 좋다.
- 단일불포화지방의 상당 부분은 해산물로 섭취하는 것이 바람직하다.
- 포화지방은 가공식품이 아닌 자연식에서 섭취해야 한다. 어떤 사람들은 포화지방을 과다 섭취하면 APOB 수치가 크게 상승할 수 있으며, 반대로 포화지방 섭취를 줄이면 APOB 수치가 감소할 수 있다 (60~61쪽 참조).

소금

과도한 염분 섭취는 혈압을 크게 높이고 심혈관 질환의 위험을 증가시킬 수 있다. 최근 연구에 따르면 이러한 영향은 소금에 대한 개인의 민감도에 따라 다르게 나타난다. 소금 섭취를 줄여 보는 실험은 자신이 소금에 민감한지 확인하는 데 도움이 될 수 있다. 만약 소금 섭취를 줄였을 때 혈압이 낮아진다면 소금 섭취를 줄이는 것이 좋은 식이 전략이 될 것이다. 여기서 기억해야 할 것은 음식으로 섭취하는 염분의 약 70%가 가공식품에서 비롯된다는 사실이다. 따라서 가공식품을 줄이거나 아예 피하는 것이 가장 먼저 실천할 수 있고, 가장 큰 효과를 볼 수 있는 방법이다.

알코올

흔히 '간과되는 다량영양소'다. 열량이 지방에 거의 맞먹을 정도로 높은 알코올은 영양학적으로는 아무런 도움이 안 된다. 알코올의 위험성에 대해서는 70~71쪽을 참조하라. 만약 목표가 열량 섭취를 줄이는 것이라면 알코올을 줄이는 것만으로도 목표에 한 걸음 더 가까워질 수 있다.

포화지방	다불포화지방
함유 식품 지방이 풍부한 고기 / 치즈 / 버터 / 야자유	**함유 식품** 연어 / 씨앗류 / 녹색 채소 / 해바라기유
건강에 미치는 영향 많은 자연식품에 함유되어 있으며 가공식품에서도 흔히 발견된다. 하루 필요 열량의 10% 미만을 포화지방으로 섭취하는 것을 목표로 한다.	**건강에 미치는 영향** 주로 식물이나 생선에서 발견된다. 정기적인 생선 섭취는 영양적으로 좋지만 좋아하지 않는다면 생선 기름 보충제를 활용하는 것도 방법이다.
단일불포화지방	**트랜스지방**
함유 식품 아몬드 / 아보카도 / 캐슈너트 / 올리브유	**함유 식품** 케이크 / 닭튀김 / 마가린 / 아이스크림
건강에 미치는 영향 주로 올리브유와 아보카도에 함유되어 있으며, 많이 섭취하면 심혈관 건강이 개선된다는 연구 결과가 있다.	**건강에 미치는 영향** 과도한 트랜스지방 섭취는 심장 건강의 악화뿐만 아니라 일부 암 발생과 관련 있다는 사실이 밝혀져 많은 나라에서 섭취를 제한하고 있다.

가공식품

거의 모든 식품이 어느 정도 가공 과정을 거친다. 중요한 것은
가공의 정도와 초가공식품을 얼마나 많이 섭취하는가이다.

가공식품은 자연 상태에서 변형된 모든 식품을 의미한다. 예를 들어 완두콩을 냉동하는 것도 가공의 한 형태지만 변형의 정도가 약하므로 이러한 식품군은 일반적으로 큰 문제가 되지 않는다.

- 스페인 – 20%
- 영국 – 50%
- 미국 – 73%

게다가 초가공식품은 일반적으로 비가공식품보다 훨씬 저렴하기 때문에 그렇지 않아도 심혈관 건강 문제가 심각한 저소득층에서 더욱 큰 문제가 된다.

초가공식품

일반적으로 여러 단계의 산업적 가공을 거치며 설탕, 소금, 기름 등의 첨가물이 들어가는 식품을 초가공식품이라고 한다. 대표적인 예로 아이스크림, 도넛, 감자칩 등이 있다. 피해야 할 가공식품이 바로 이런 초가공식품이다.

초가공식품을 거의 섭취하지 않는다면 건강상의 위험이 상대적으로 낮을 수 있다. 하지만 나라별로 식품 구매에 있어 초가공식품이 차지하는 비율을 보여 주는 다음 통계에서 알 수 있듯이 사실상 그러기가 쉽지는 않다.

· 건강을 위협하는 초가공식품 ·

- 매일 한 번 초가공식품을 섭취하면 조기 사망 위험이 18% 증가한다.

- 매일 네 번 이상 초가공식품을 섭취하면 조기 사망 위험이 63% 증가한다.

- 초가공식품 섭취량이 10% 증가할 때마다 암 발병 위험도 10% 증가한다.

가공식품

• 가정 내 식료품 구매에서 초가공식품이 차지하는 비율

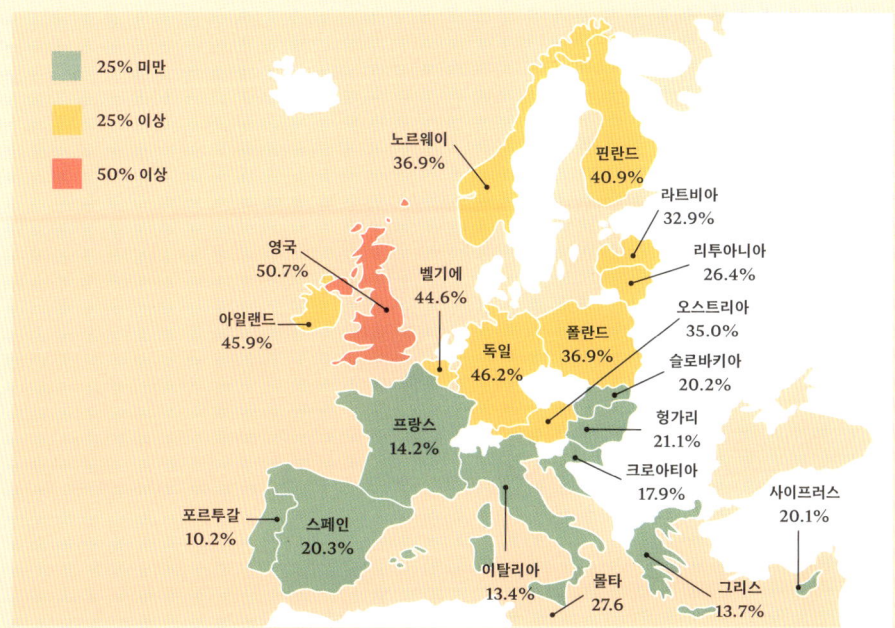

가공식품이 문제가 되는 이유

여러 가지가 있을 수 있지만 기본적으로 초가공식품은 영양가 있는 음식과 정반대의 특성이 있다는 점이 문제가 된다. 초가공식품은 일반적으로 열량이 높고 설탕과 소금, 지방의 함량이 높으며 단백질과 미량영양소는 부족하기 쉽다.

단기 대조군 연구에 따르면, 초가공식품과 비가공식품 중 하나를 선택하게 했을 때 초가공식품을 선택한 사람들은 하루 평균 약 500kcal를 더 섭취하는 경향을 보였다. 그 결과 단 14일 만에 체중이 평균 0.9kg 늘었다.

평생 초가공식품을 섭취한다면 어떤 결과가 나타날까? 생각해 볼 것도 없다. 비만과 대사증후군의 급증, 현재 우리가 처한 건강 관련 문제들이 바로 그 결과다. 초가공식품이 건강에 좋지 않다는 것은 의심할 여지없는 사실이다. 이러한 부정적인 영향의 상당 부분은 열량의 과잉 섭취와 그에 따른 대사상의 문제에서 비롯될 가능성이 크다.

초가공식품을 가끔 섭취하는 것은 큰 문제가 되지 않을 수 있지만 현대인의 식단에서 차지하는 비율이 상당히 높은 점을 고려하면 부정적인 영향은 앞으로도 전 세계적으로 심각한 건강 관련 문제로 남을 것으로 보인다.

영양 보충제

일부 영양 보충제는 심장 건강에 도움이 될 수 있다.
하지만 복용하기 전에 항상 복용해야 하는 이유를 생각해 보고,
그것부터 먼저 해결하려는 노력을 기울여야 한다.

일반적으로 영양 보충제는 올바른 영양 섭취와 운동, 수면, 스트레스 관리를 기반으로 한 건강한 생활 습관을 보완하는 역할을 한다. 건강의 핵심 요소들을 먼저 최적화하고 난 후에야 영양 보충제를 고려해야 하며, 의사의 처방약을 보충제로 대체할 수 있다고 생각해서는 안 된다. LDL 콜레스테롤과 혈압을 낮추기 위한 보충제에 대해서는 152쪽과 159쪽을 참조하라.

심장 건강을 돕는 보충제

심장 건강과 이에 영향을 미치는 요인과 관련해 효과가 입증된 보충제들은 다음과 같다.

오메가-3 피시오일

일반적으로 이코사펜타엔산(EPA)과 도코사헥사엔산(DHA), 두 가지 성분으로 구성된다. 여러 연구에 따르면, 하루 권장 섭취량인 2~4g을 매일 복용하면 중성지방 수치가 유의미하게 감소하는 것으로 나타났다. 무작위 대조군 연구에서는 아직 심장마비 발생률 감소 효과가 명확히 입증되지 않았지만 전체 연구 결과를 종합해 보면 반드시 먹어야 한다고 하기는 어려워도 어느 정도 이점이 있는 것으로 보인다.

정제된 EPA 단독 제형은 임상 시험에서 심장마비 위험을 줄이는 효과가 있는 것으로 나타났는데, 이 제형은 처방약으로만 제공되며 일반 보충제로는 구할 수 없다.

유청 단백질

바람직한 영양 관리의 핵심 요소 중 하나는 충분한 단백질 섭취다. 그리고 단백질은 자연식품에서 공급받는 것이 이상적이다. 그러나 하루 단백질 요구량을 충족하려면 보충제가 필요한 경우가 많다. 유청 단백질 파우더와 셰이크 형태의 보충제는 단백질 섭취를 늘리는 데 적절하게 사용할 경우 근육량 증가를 돕는 중요한 영양 보충제가 될 수 있다.

여러 연구에 따르면 유청 단백질은 혈당 조절을 개선하고 LDL 콜레스테롤 수치를 낮추는 효과가 있는 것으로 나타났다.

비타민 D

비타민 D 수치가 낮으면 심혈관 건강이 나빠질 가능성이 크다. 그러나 낮은 비타민 D 수치를 정상 범위로 끌어올리려고 보충제를 복용해도 효과는 제한적인 것으로 알려져 있다.

비타민 D 수치는 정상 수준으로 유지하는 것이 바람직하며, 가장 좋은 방법은 달걀이나 지방이 풍부한 생선, 버섯과 같이 비타민 D가 풍부한 음식으로 구성된 식단과 야외 활동을 통해 자연스럽게 비타민 D를 섭취하는 것이다.

기타 보충제

심혈관 건강에 도움이 된다고 주장하는 보충제의 목록은 끝이 없지만 여러 과학 기관에서 보편적으로 인정할 만한 수준으로 실험을 거친 것은 몇 가지밖에 없다. 이러한 보충제들은 대부분 권장 용량 내에서 복용할 경우 해가 될 염려가 별로 없지만, 일부는 권장 용량을 초과해 복용할 경우 심각한 문제를 일으킬 수 있다. 일반적으로 하루 한 알의 종합 비타민 섭취는 크게 해가 되지 않을 것이다.

> 보충제는 이름 그대로 올바른 영양 섭취와 운동, 수면, 스트레스 관리와 같은 적절한 생활 방식을 보완해 주는 것일 뿐이다.

수면

충분히 오랫동안 잠을 잘 자는 것은 심혈관 건강을 유지하는 데 핵심적인 요소 중 하나다. 이를 위해서는 몇 가지 기본적인 원칙을 따르는 것이 중요하다.

매일 밤 7~9시간 정도 잠을 자려고 노력하는 것이 중요하다. 자신에게 필요한 수면 시간이 정확히 어느 정도인지는 시간이 지나면서 시행착오를 통해 자연스럽게 알게 된다. 수면 추적기까지 사용할 필요도 없다. 잠을 충분히 잘 수 있도록 그냥 침대에 오래 누워 있기만 하면 된다. 이것이 수면에 있어 가장 기본적인 조건이지만 많은 사람들이 제대로 실천하지 못하고 있다.

잠을 더 잘 자기 위한 작은 습관들

- **잠자리에 들 시간을 알리는 알람을 설정한다.** 양질의 수면은 코르티솔이나 멜라토닌, 아데노신과 같은 수면 주기를 조절하는 호르몬을 비롯해 모든 것의 리듬을 맞추는 것에서 시작된다. 매일 같은 시간에 잠자리에 들면 이러한 호르몬들이 균형을 이루는 데 도움이 된다. 주말도 예외는 아니다. 예정된 취침 시간 1시간 전에 알람을 설정하면 아침에 알람 없이도 자연스럽게 잠에서 깰 수 있을 것이다.

- **잠자는 방은 최대한 어둡게 한다.** 너무 밝은 데서 잠을 자면 수면의 질이 떨어지고 인슐린 수치를 포함한 심혈관 대사 지표가 나빠질 수 있다. 암막 커튼을 설치하고 빛을 내는 모든 것을 방에서 없애야 한다. 침대 옆 디지털 알람시계의 밝은 빛도 수면을 방해할 수 있고, 전자 기기의 작은 불빛조차 영향을 줄 수 있다. 필요하다면 수면용 안대를 착용하는 것도 좋은 방법이다.

- **방을 시원하게 유지한다.** 무더운 여름밤에 잠들기 어려운 이유 중 하나는 체온이 떨어져야 잠이 오기 때문이다. 에어컨을 사용해 실내 온도를 16~19°C로 유지하는 것이 이상적이며, 수면 중 침대 온도를 조절해 주는 냉각 매트리스를 활용하는 것도 도움이 된다. 잠자리에 들기 전에 따뜻한 물로 목욕이나 샤워를 하면 체온이 자연스럽게 낮아져 쉽게 잠들 수 있다.

- **오후 1시 이후 카페인 섭취를 제한한다.** 카페인은 아데노신이 보내는 수면 신호를 왜곡할 수 있다. 일반적으로 오후나 저녁 시간에는 카페인을 섭취하지 않는 것이 좋다.

- **술을 마시지 않는다.** 취침 시간 무렵에 술을 마시면 잠은 빨리 들지 몰라도 수면의 질은 크게 떨어진다. 회복을 돕는 깊은 잠보다 얕은 잠을 오래 자게 되기 쉽다는 말이다. 술을 마신 날 밤중에 자주 깨면서 잠을 설치는 것도 바로 이 때문이다.

그 밖에 잠을 잘 자게 해주는 습관으로는 다음과 같은 것들이 있다.

- 아침에 운동하기
- 기상 직후 아침 햇볕 쬐기
- 잠자기 1시간 전에는 전자 기기 사용 금지
- 밤늦게 과식하지 않기

이 원칙들을 잘 지킨다면 수면의 질이 크게 좋아질 것이다. 심장 건강에도 긍정적인 효과를 기대할 수 있다. 그러나 심한 코골이와 수면 중 호흡 정지가 특징인 폐쇄성 수면 무호흡증과 같은 의학적인 수면 장애가 있는 사람은 수면 전문의와 상담해야 할 수 있다. 숙면을 위한 마법 같은 해결책은 존재하지 않는다. 하지만 기본적인 원칙을 제대로 지키기만 해도 그에 따른 보상은 매우 클 것이다.

• 수면의 질을 높이는 방법

불면증은 많은 사람이 흔히 겪는 문제지만 몇 가지 핵심 원칙만 잘 지켜도 대부분 개선될 수 있다.

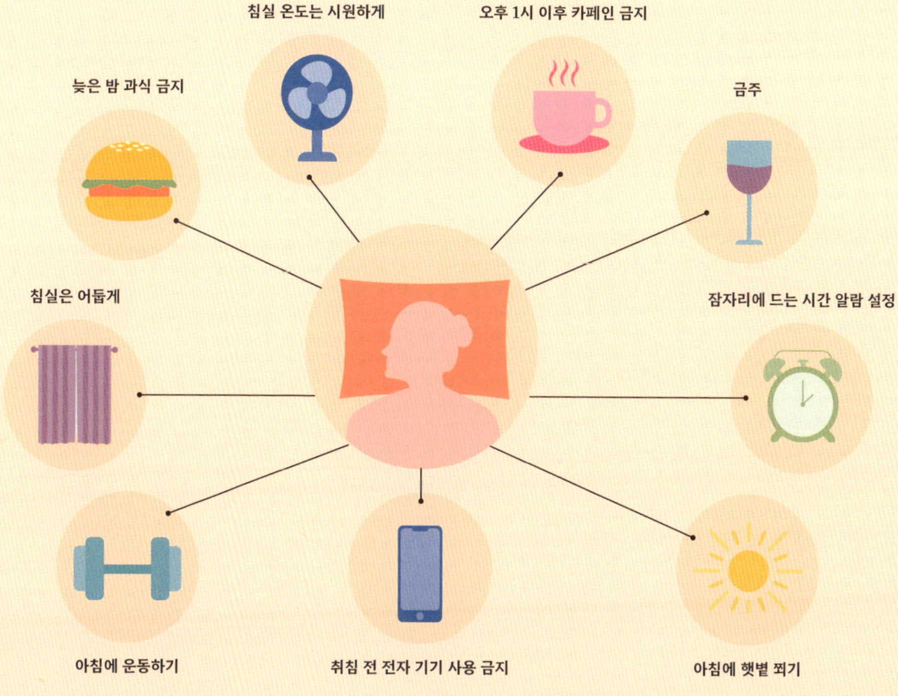

- 침실 온도는 시원하게
- 오후 1시 이후 카페인 금지
- 늦은 밤 과식 금지
- 금주
- 침실은 어둡게
- 잠자리에 드는 시간 알람 설정
- 아침에 운동하기
- 취침 전 전자 기기 사용 금지
- 아침에 햇볕 쬐기

스트레스 줄이기

정서적으로 잘 지내는 것은 향후 심혈관 질환의 위험을 줄이는 데 가장 중요한 요소다. 그러기 위해서는 일상 속의 과도한 스트레스를 효과적으로 관리하는 방법을 찾는 것이 중요하다.

과도한 스트레스는 심혈관 건강에 부정적인 영향을 미친다. 나아가 심장마비나 돌연 심장사와 같은 급성 심혈관 질환을 유발할 수도 있다. 스트레스가 심혈관 질환의 위험을 높이는 이유는 혈압 상승과 스트레스 호르몬의 만성적인 증가, 운동이나 영양, 수면과 같은 생활 습관에 미치는 부정적인 영향 등 여러 가지가 있다.

스트레스에 대처하는 방법

스트레스는 다양한 형태로 발생한다. 직장이나 가정, 금전 문제, 인간관계와 관련된 압박뿐만 아니라 건강 문제와 같은 요인이 원인일 수 있다. 따라서 스트레스로 인한 문제를 해결하려면 개인 맞춤형 접근 방식이 필요하다.

스트레스 관리

스트레스 관리가 중요한 이유는 스트레스가 심해질수록 영양이나 운동, 수면 목표를 달성할 가능성이 현저히 낮아지기 때문이다. 이는 코르티솔과 같은 스트레스 호르몬의 변화를 일으키는 1차적 영향과는 달리 높은 스트레스가 생활 습관 전반에 미치는 2차적 영향이라고 할 수 있다. 이러한 스트레스를 줄이기 위해 다양한 접근법이 연구되었는데, 이들은 심혈관 질환의 위험을 낮추고 생활 습관 개선에 도움이 되는 것으로 나타났다. 대표적인 방법은 다음과 같다.

- 명상
- 인지행동 치료
- 마음챙김 훈련
- 요가

명상처럼 널리 실천되는 스트레스 완화법이 혈압 조절 개선 등 심혈관 건강에 긍정적인 효과를 준다는 것은 잘 알려진 사실이다. 그러나 스트레스는 원인에 따라 관리 방법을 달리 적용하는 것이 중요하다.

예를 들어 스트레스의 주요 원인이 대인관계에 있다면 명상이 어느 정도 도움이 되기도 하지만 관계 상담 등을 통해 근본적인 문제를 해결하지 못하면 효과가 만족스럽지 않을 수 있다.

정서적 안정은 심혈관 질환 예방에 중심적 역할을 하며, 정서적 고통도 가장 적절한 방식으로 돌보면 삶에 의미 있는 변화를 일으킬 수 있다.

스트레스를 줄이기 위한 노력은 심혈관 질환의 위험을 낮추는 데 분명 도움이 되지만 스트레스가 삶의 어떤 부분이 바뀌어야 한다는 신호일 수 있다는 점 또한 인식할 필요가 있다. 따라서 명상이나 운동과 같은 방법으로 스트레스의 영향을 줄일 수 있더라도 지금 겪고 있는 스트레스가 해결해야 할 중요한 문제나 변화가 필요한 지점을 알려 주는 신호가 아닌지 스스로 질문해 보아야 한다.

스트레스가 모두 나쁜 것만은 아니다. 때로는 삶에 도움이 되기도 한다.

> · **심리지원 서비스의 이점** ·
>
> 우울증 환자의 경우 상담 치료를 포함한 다양한 심리지원 서비스를 활용하면 향후 심혈관 질환 발생 위험이 12% 줄고, 조기 사망 위험도 최대 19%까지 낮아진다는 연구 결과가 있다.

약물 없이 콜레스테롤 낮추기

콜레스테롤을 낮추는 첫 번째 단계는
생활 습관을 개선하고 약물 없이 문제를 해결하는 것이다.

높은 콜레스테롤 수치를 낮추기 위해 생활 습관을 바꿀 생각을 하기 전에 콜레스테롤 수치를 비정상적으로 높일 수 있는 질환이나 약물, 기타 2차적인 원인을 찾아 먼저 없애야 한다.

만약 그런 원인이 없는 경우 여러 가지 생활 습관을 개선하는 것이 콜레스테롤 수치를 낮추는 데 효과적인 것으로 나타났다.

식이요법은 콜레스테롤 수치를 낮추는 데 얼마나 도움이 될까?

식단에서 포화지방 섭취를 줄이면 대개 LDL 콜레스테롤 수치를 효과적으로 낮출 수 있다고 알려져 있다 (56~59쪽 참조). 이 접근법이 심혈관 질환 발생 위험을 줄이는 데 얼마나 유용한지는 논란의 여지가 있지만 가공식품, 특히 가공육에 들어 있는 포화지방의 섭취를 줄이는 것은 주요 목표가 되어야 한다. 포화지방과 심장병의 연관성은 142~143쪽을 참조하라.

음식을 통해 섭취한 콜레스테롤은 대부분 혈류로 흡수되지 않는다. 따라서 식이 콜레스테롤을 줄이더라도 혈중 콜레스테롤 수치는 크게 낮아지지 않는다. 달걀은 식이 콜레스테롤 함량이 높지만 대부분의 경우 달걀 섭취는 심혈관 질환의 위험에 거의 혹은 전혀 영향을 미치지 않는다.

콜레스테롤 수치를 낮추는 방법

다음은 약물을 사용하지 않고 콜레스테롤 수치를 낮추는 주요 방법이다.

- 알코올 섭취 줄이기
- 체중 감량하기
- 포화지방 섭취 줄이기
- 신체 활동 늘리기

수용성 섬유질 섭취를 늘리면 LDL 콜레스테롤 수치를 5~7% 낮출 수 있다. 그러려면 콩류와 과일, 당근과 같은 채소를 더 많이 섭취하면 된다.

단백질 보충원으로 자주 사용되는 유청 단백질 또한 LDL 콜레스테롤 수치를 비롯한 여러 심혈관 대사 지표를 개선하는 것으로 나타났다.

중성지방, 단식, 저탄수화물 식단

총콜레스테롤과 비-HDL 콜레스테롤 수치에는 중성지방 수치도 포함된다. 중성지방은 특히 알코올이나 정제된 당분 섭취 제한이나 체중 감량과 같은 생활 습관의 변화에 매우 민감하게 반응한다.

간헐적 단식과 저탄수화물 식단과 같은 일부 건강을 위한 생활 습관은 오히려 LDL 콜레스테롤 수치를 증가시킬 수 있으므로 장기적인 경과를 계속 추적하는 것이 중요하다.

> · 높은 콜레스테롤의 2차적 원인 ·
>
> • 비정상적인 갑상선 기능
> • 만성 신장 질환
> • 음주
> • 당뇨병
> • 스테로이드나 프로게스테론, 면역억제제 등의 약물
> • AIDS 바이러스 치료제

생활 습관의 변화만으로 충분하지 않다면?

여기에 제시된 방법이나 다른 접근법을 시도하더라도 LDL 콜레스테롤 수치를 적정 수준으로 낮추기 어려울 수 있다. 이는 콜레스테롤 수치의 변동성 중 절반이 유전적 요인에 의해 결정되기 때문이다. 식이요법을 통한 콜레스테롤 감소 효과는 몇 주 또는 몇 개월 내에 나타나야 한다. 만약 생활 습관 변화를 집중적으로 시도한 후에도 LDL 콜레스테롤 수치가 의미 있게 감소하지 않는다면 그 방법이 개인에게 미치는 효과가 제한적일 수 있다.

적절한 생활 습관과 식이요법으로도 콜레스테롤 수치를 성공적으로 낮출 수 있지만 극도로 낮은 LDL 콜레스테롤 수치를 목표로 할 경우 이러한 방법만으로는 한계가 있을 수 있다.

> 생활 습관을 바꾸면 LDL 콜레스테롤 수치가 조금 낮아질 뿐이지만 이를 지속하면 평생 심혈관 질환에 걸릴 위험을 줄이는 데 의미 있는 영향을 줄 수 있다.

약물로 콜레스테롤 낮추기

현재 사용되는 약물로는 LDL 콜레스테롤 수치를 최대 85%까지 낮출 수 있다. 만약 생활 습관 개선만으로 목표 수치에 도달하지 못한다면 안전하고 내약성이 적은 다양한 약물을 선택하는 것이 도움이 될 수 있다.

LDL 콜레스테롤 수치 변동의 약 50%는 유전적 요인 때문이므로 생활 습관의 변화만으로 LDL 콜레스테롤을 적정 수준까지 낮추기 어려울 수 있다. 또한 LDL 콜레스테롤의 목표 수치는 매우 낮은데 현재 수치가 매우 높은 경우 약물이 필요할 가능성이 크다.

스타틴 약물 치료법

스타틴은 간에서 생성되는 콜레스테롤의 양을 줄이는 동시에 혈액 내 콜레스테롤을 제거하는 콜레스테롤 수용체의 수를 증가시켜 LDL 콜레스테롤 수치를 낮춘다. 스타틴 계열의 약물은 LDL 콜레스테롤을 낮추는 데 있어 가장 많이 연구되었으며, 현재 가장 널리 사용되는 치료법 중 하나다. 스타틴을 복용하는 환자 대다수가 부작용 없이 잘 지내지만 일부에게는 부작용이 나타날 수 있다. 이에 관한 내용은 156~157쪽에서 자세히 다룰 것이다.

LDL 콜레스테롤을 얼마나 낮출 수 있는지는 스타틴의 종류와 복용량에 따라 달라진다. 아토르바스타틴 20mg 또는 로수바스타틴 10mg과 같은 중간 용량의 스타틴 치료만으로도 LDL 콜레스테롤 수치를 최대 50%까지 낮출 수 있으며, 이는 대부분의 사람들에게 충분한 치료 효과를 제공한다.

스타틴 치료는 심장마비와 뇌졸중, 심혈관 질환으로 인한 사망 위험을 25~50%까지 낮출 수 있으며, 효과는 초기 심혈관 위험도에 따라 달라진다.

스타틴 계열 이외의 약물 치료법

에제티미브

콜레스테롤 흡수를 줄이고 스타틴 치료와 마찬가지로 LDL 콜레스테롤 수용체 수를 증가시켜 혈중 콜레스테롤 수치를 낮춘다. 단독으로 사용할 경우 LDL 콜레스테롤을 15~20% 낮출 수 있으며, 스타틴을 포함한 다른 콜레스테롤 저하제와 병용하면 최대 65%까지 감소시킬 수 있다. 이러한 효과로 인해 주요 심혈관 질환의 발생 위험을 줄이는 데도 기여한다.

PCSK9 억제제

강력한 주사형 LDL 콜레스테롤 저하제로 LDL 콜레스테롤을 제거하는 LDL 수용체 수를 증가시킨다. 단독으로 사용하면 LDL 콜레스테롤을 65% 감소시킬 수 있으며, 다른 콜레스테롤 저하제와 병용할 경우 85% 이상 낮출 수 있다. LDL 콜레스테롤을 낮추는 효과뿐만 아니라 심장마비와 같은 주요 심혈관 질환 발생 위험도 감소시키는 것으로 나타났다.

• LDL 콜레스테롤 감소 약물의 효과

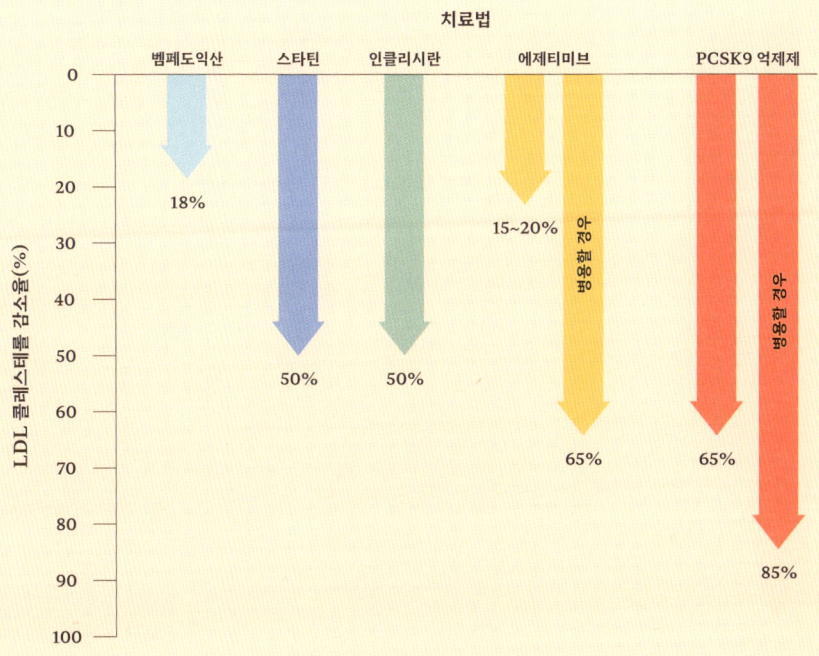

벰페도익산

벰페도익산은 최근 승인된 경구용 콜레스테롤 저하제로서 간에서 일어나는 콜레스테롤 합성과 LDL 콜레스테롤 수용체에 영향을 미친다. 스타틴 요법에 불내성(특정 물질이나 약물을 신체가 견디지 못하는 상태-옮긴이)이 있는 환자들을 대상으로 연구된 벰페도익산은 LDL 콜레스테롤을 18% 낮추는 효과가 있으며, 심장마비와 같은 심각한 심혈관 질환의 위험도 줄이는 것으로 나타났다.

인클리시란

PCSK9 억제제와 유사한 방식으로 작용하는 소간섭 RNA 기반 치료제다. LDL 콜레스테롤을 50% 낮추는 효과가 있으며, 6개월에 한 번만 투여하면 된다는 점이 특징이다. 현재 주요 심혈관 질환에 미치는 효과를 확인하기 위한 추가 연구가 진행 중이며, 긍정적인 결과가 나올 가능성이 매우 크다.

스타틴과 부작용

수백만 명의 사람들이 스타틴을 복용해 LDL 콜레스테롤 수치를 낮추고 있지만,
종종 부작용을 일으키기도 한다. 이 문제에 대해 살펴보자.

스타틴은 지금까지 개발된 약물 가운데 가장 안전하고 연구도 많이 이루어진 약물 중 하나다. 그러나 어떤 이유에서인지 가장 논란이 많은 약물 중 하나이기도 하다.

가장 흔하게 보고되는 부작용은 '스타틴 관련 근육 증상'이라고 불리는 근육통이다.

구체적으로 살펴보면 경미한 근육통이 전체 환자의 7~29%에서 발생하는데, 이처럼 발생 범위가 넓다는 것은 부작용 중 일부는 스타틴의 유효 성분 때문이 아닐 수도 있음을 시사한다.

• **위약 복용 및 미복용 시와 비교한 스타틴의 부작용**

스타틴 치료를 받는 환자는 아무런 약을 먹지 않을 때보다 부작용 점수가 더 높은 경향을 보인다. 하지만 위약을 복용했을 때는 스타틴 복용군과 위약 복용군 사이에 부작용 점수 차이가 거의 없다. 이는 대부분의 부작용이 스타틴의 유효 성분 때문이라기보다는 단순히 '약'을 먹고 있다는 사실에서 비롯되는 것임을 시사한다.

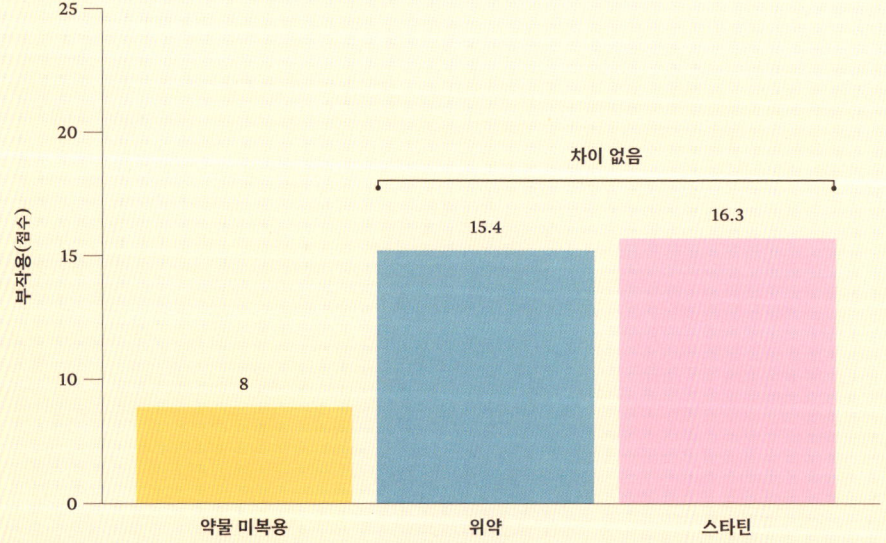

노시보 효과

특정 치료나 약물, 예를 들어 스타틴과 같은 약물이 몸에 해를 끼칠 것이라고 믿는 환자들이 실제로 부정적인 결과를 경험하는 현상을 말한다. 스타틴을 복용하는 많은 환자들이 치료 중 근육통을 호소하는데, 여러 연구에 따르면 이러한 사례의 90% 이상이 약물 자체보다는 노시보(nocebo) 효과로 인한 것이다. 스타틴 불내성 환자들은 스타틴을 복용할 때와 위약을 복용할 때 모두 같은 정도의 근육통과 관절 통증이 나타난다. 이때 두 경우 모두 약을 중단하면 증상이 극적으로 개선된다. 이는 이러한 증상이 스타틴 약물의 유효 성분 때문이 아니라 '약'을 복용하고 있다는 인식에서 비롯된 노시보 효과와 관련되어 있음을 말해 준다.

스타틴 불내성은 해결이 쉽지 않다. 임상 환경에서는 위약을 사용할 수 없어 환자의 반응을 확인하려면 스타틴 복용을 중단했다가 다시 시작하는 방식에 의존해야 하기 때문이다. 그런데 이 경우 환자가 자신의 스타틴 복용 여부를 알고 있기 때문에 노시보 효과를 완전히 배제할 수 없다는 어려움이 있다.

실제 부작용

다른 약물과 마찬가지로 스타틴 역시 일부 환자에게는 실제로 심각한 부작용을 일으킬 수 있다. 1,000명 중 1명~1만 명 중 1명꼴로 심각한 근육 손상이 일어날 수 있으며, 당뇨병 발병 위험이 다소 증가하고, 메스꺼움이나 변비 같은 증상이 나타날 수도 있다. 이러한 부작용은 약 복용을 중단하면 금세 사라진다.

따라서 스타틴 치료 시 부작용이 발생할 수는 있지만 근육통이나 관절통처럼 흔히 보고되는 증상들은 노시보 효과와 관련이 있다고 할 수 있다. 만약 스타틴 복용 중 실제로 부작용이 나타난다면 대체할 수 있는 다른 콜레스테롤 저하 치료법을 고려해 볼 수 있다.

시간을 두고 의료진과
상담하면서 약물의
종류와 용량을 조절하면
많은 환자가 스타틴 치료를
무리 없이 이어 갈 수 있다.

약물 없이 혈압 낮추기

수면이나 스트레스, 운동, 영양과 같은 생활 습관의 개선은 대부분의 사람들에게
약물 복용 없이 혈압을 조절할 수 있는 가장 효과적인 방법 중 하나다.

고혈압은 전체 성인의 절반가량에 영향을 미치는 '조용한 살인자'다. 많은 사람들이 혈압을 조절하기 위해 약물을 복용하지만 생활 습관을 개선하면 약물 없이도 혈압을 조절할 수 있는 경우가 많다.

가장 먼저 기억해야 할 점은 혈압이 조금만 올라가도 시간이 지나면서 건강에 문제가 발생할 위험이 증가할 수 있으며, 반대로 혈압이 조금만 낮아져도 건강에 매우 긍정적인 영향을 줄 수 있다는 사실이다.

스스로 실천할 수 있는 변화

다음에 나열된 방법들을 개별적으로 하나씩 실천하면 혈압이 약간 낮아지는 데 그칠 수 있다. 하지만 여러 방법을 함께 실천하면 고혈압 범위에서 정상 범위로 이동할 가능성이 커지고, 결과적으로 심장마비와 뇌졸중의 위험을 크게 줄일 수 있다. 고혈압을 관리하기 위해 실천할 수 있는 몇 가지 생활 습관의 변화를 살펴보자.

- **체중 감량과 혈압 감소**

체중이 1kg 감소할 때마다 혈압은 1mmHg 낮아진다. 즉 체중을 많이 감량할수록 임상적으로 의미 있는 수준까지 혈압을 낮출 수 있다는 말이다. 체중을 줄이면 궁극적으로 생명을 구할 수도 있는 변화가 따라온다.

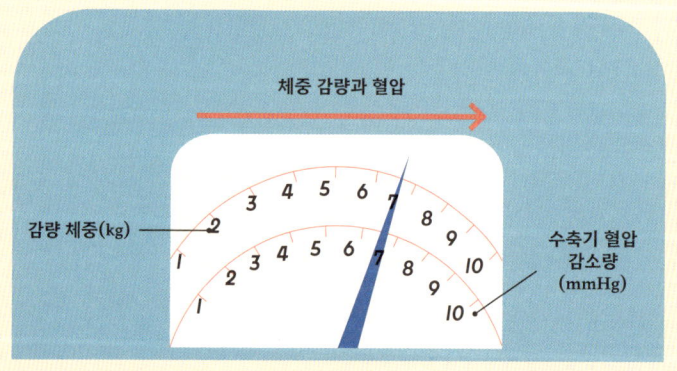

체중 감량

전체 고혈압 환자의 약 75%는 과체중과 그로 인한 인슐린 저항성 등 대사 이상이 함께 나타난다. 체중이 1kg 감소할 때마다 수축기 혈압은 1mmHg 낮아진다. 따라서 체중을 10kg만 감량해도 혈압이 정상 범위로 빠르게 돌아올 수 있다. 이는 많은 사람들이 실천할 수 있는 일이다.

더 많이 운동하기

주간 운동 목표를 달성하는 사람이 많을수록 고혈압은 사회적으로 훨씬 덜 문제가 될 것이다. 주 3회, 12주간 유산소 운동을 꾸준히 하는 것만으로도 수축기 혈압을 평균 7mmHg 낮출 수 있다. 규칙적인 저항 운동 또한 유산소 운동과 유사하게 혈압을 낮추는 효과가 있다.

소금 섭취 줄이기

소금 섭취와 혈압의 관계는 과거에 생각했던 것보다 훨씬 복잡하다. 사람마다 소금에 대한 민감도가 다르기 때문이다. 소금은 대부분 가공식품을 통해 섭취하므로 이런 식품군은 건강을 위해 되도록 피하는 것이 좋다. 저염식은 고혈압이 있는 경우 혈압을 낮추는 데 도움이 될 수 있지만 모두에게 효과가 있는 것은 아니다. 단순히 소금 섭취를 줄이기보다 기존 소금을 나트륨 대신 칼륨이 함유된 소금으로 대체하는 것이 더 효과적일 수 있다. 연구에 따르면, 짠맛의 일부 또는 전부를 칼륨으로 낸 소금으로 대체하면 혈압을 낮추고 뇌졸중 위험을 약 25%까지 줄일 수 있는 것으로 나타났다.

수면 최적화 및 스트레스 줄이기

수면 부족과 높은 수준의 스트레스가 혈압을 상승시키는 요인이라는 것은 꾸준히 확인되어 온 사실이다. 수면의 질을 최적화하고 스트레스를 줄이면 혈압이 유의미한 수준까지 낮아질 가능성이 높다.

음식과 영양 보충제

체중 감량과 운동, 스트레스 관리, 양질의 수면 확보가 혈압을 낮추는 데 있어 최우선 목표가 되어야 한다. 술을 줄이고 담배를 끊는 것 또한 혈압을 낮추는 데 도움이 된다. 일부 음식과 보충제도 혈압을 약간 낮추는 효과가 있지만 생활 습관을 개선하는 것이 우선이며, 이렇게 해도 여전히 혈압이 높다면 보충제 섭취를 고려해 볼 수 있다.

다음은 혈압을 약간 낮추는 데 도움이 되는 음식과 보충제들이다.

- 마늘
- 다크 초콜릿
- 마그네슘
- 오메가-3 피시오일
- 비타민 C

약물로 혈압 낮추기

생활 습관 개선만으로 혈압을 조절하기 어려운 경우 약물 치료는
목표 혈압에 도달하는 데 효과적인 방법이 될 수 있다.

약물 치료는 심장마비와 뇌졸중의 위험을 줄이고 기대 수명을 연장하는 신뢰할 수 있는 방법이다. 수 있다. 무엇보다 중요한 것은 혈압이 목표 수치에 도달하는 것이다.

약물이 필요한 경우

수축기 혈압이 계속 140mmHg을 넘는 경우 일반적으로 약물 치료를 통해 혈압을 낮춰야 한다. 혈압이 130~140mmHg 사이면 다른 위험 요인들을 고려해 상황에 따라 약물 사용 여부를 결정하면 된다. 수축기 혈압은 일반적으로 120mmHg 이하로 유지하는 것이 목표인데, 나이가 많은 환자의 경우 과도한 치료로 인한 부작용을 피하기 위해 이 목표를 다소 완화하기도 한다. 다만 젊은 환자는 이 목표를 가장 우선시한다.

혈압을 낮추기 위해 사용할 수 있는 약물은 여러 종류가 있지만 무엇보다도 안전하고 효과적으로 혈압을 낮추는 것이 가장 중요하다. 대부분의 약물은 단독으로 사용할 때 수축기 혈압을 12~15mmHg 정도 낮출 수 있으며, 복합 요법으로 사용할 때는 20mmHg 이상 낮출 수 있다. 이는 심장마비 위험을 약 40%까지 줄이는 효과가 있다.

환자들은 대부분 목표 혈압에 도달하기 위해 두 가지 종류의 약물을 최대 용량까지 복용해야 하며, 이들 가운데 약 25%는 세 가지 이상의 약물이 필요할

가능한 치료법

혈압을 낮추기 위한 1차 치료제는 다음과 같다.

- ACE 억제제 – 라미프릴, 리시노프릴
- 안지오텐신 수용체 차단제 – 발사르탄
- 칼슘 채널 차단제 – 암로디핀, 레르카니디핀
- 티아지드 이뇨제 – 인다파미드, 하이드로클로로티아지드

2차 치료제는 다음과 같다.

- 베타 차단제 – 네비볼롤
- 미네랄코르티코이드 수용체 길항제(작용제를 저해하는 물질-옮긴이) – 스피로놀락톤
- 알파 차단제 – 독사조신
- 루프 이뇨제 – 푸로세미드

고혈압 환자들이 혈압을 조절하려면 대부분 여러 가지 1차 치료제를 병용해야 하며, 일부는 2차 치료제까지 추가해야 할 수도 있다.

• 혈압 치료로 인한 관상동맥 질환 및 뇌졸중 위험 감소

혈압을 낮추면 관상동맥 질환과 뇌졸중 발생 위험이 줄어들며, 그 효과는 혈압 감소의 정도에 비례한다. 물론 혈압을 지나치게 낮추는 것은 좋지 않지만 초기 혈압이 매우 높은 경우라면 상당히 낮춰도 건강상 큰 이점을 얻을 수 있다.

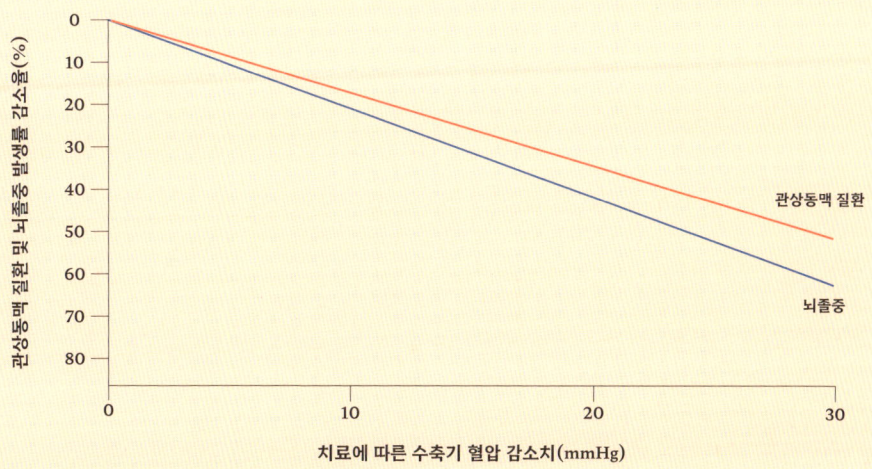

많은 환자, 때로는 의사들조차도 혈압을 너무 많이 낮추면 부작용이 생길 것을 우려해 약물 용량을 늘리는 데 주저하기도 한다. 그러나 평균 수축기 혈압을 136mmHg에서 121mmHg으로 낮추면 심장마비와 뇌졸중 발생 위험이 25% 감소하는 효과가 있다.

모든 고혈압 환자가 목표 혈압에 이르기 위해 약물을 복용해야 하는 것은 아니지만 필요할 경우 선택할 수 있는 안전하고 효과적인 치료제는 다양하다.

일반적으로
수축기 혈압이 5mmHg
감소할 때마다 심장마비와
같은 주요 심장 질환
발생 위험이 10% 감소한다.

인슐린 저항성과 당뇨병의 호전 가능성

오랫동안 제2형 당뇨병은 점차 악화되는 질환으로 여겨져 왔지만
최근 연구에 따르면 많은 환자의 경우 호전시킬 수 있다는 사실이 밝혀졌다.

제2형 당뇨병은 일반적으로 심각한 인슐린 저항성을 특징으로 한다. 인슐린 저항성은 제2형 당뇨병을 진단받기 수년 전부터 감지될 수 있으며, 대부분의 환자는 인슐린 저항성을 먼저 겪은 뒤 당뇨전단계를 거쳐 혈당 조절 이상이 동반된 제2형 당뇨병을 진단받는다(82~83쪽 참조).

과거에는 당뇨병이 점진적으로 악화되는 만성 질환이어서 혈당을 조절하려면 시간이 갈수록 더 많은 약물이 필요하다고 인식되었다. 하지만 최근 연구에 따르면 간단한 생활 습관 변화만으로도 제2형 당뇨병과 그 이전의 모든 대사적 변화를 관리할 수 있을 뿐만 아니라 호전시킬 수도 있음이 분명해졌다.

· 생활 습관 개선의 효과 ·

제2형 당뇨병 진단을 받은 지 6년 이내인 환자들을 대상으로 열량을 낮춘 식단과 규칙적인 운동을 병행해 체중을 10kg 감량하게 한 결과, 약 46%의 환자가 당뇨병 증상이 호전되었다. 뿐만 아니라 삶의 질 관련 지표도 개선되었고 매일 복용해야 하는 약물도 줄었다. BMI가 25로 정상 범위에 속하는 제2형 당뇨병 환자들도 이와 비슷하게 생활 습관을 개선했을 때 약 70%의 환자가 당뇨병 증상이 호전된 것으로 나타났다.

조기 개입의 중요성

충분한 체중 감량과 운동을 병행하면 제2형 당뇨병을 치료할 수 있다는 인식이 점차 확산되고 있다. 다만 생활 습관 개선은 진단 초기일수록 효과가 크며, 오랜 기간 제2형 당뇨병을 앓았으면 호전 가능성이 크게 낮아진다.

'당뇨 예방 프로그램'은 교육과 식이 상담, 운동으로 구성된 체계적인 개입 프로그램으로 제2형 당뇨병 고위험군의 발병 시기를 유의미하게 늦출 수 있는 것으로 나타났다.

당뇨전단계에서 정상 혈당으로 회복된 사람들은 이후 10년간 사망 위험이 감소하는 경향을 보였다. 하지만 이러한 효과는 적절한 식단과 활발한 신체 활동을 유지한 경우에만 관찰되었다. 반대로 당뇨전단계에서 제2형 당뇨병으로 진행된 사람들은 같은 기간 동안 사망 위험이 증가하는 경향을 보였다.

여러 연구에 따르면 짧은 기간이라도 신체 활동을 늘리고 체중을 줄이는 것만으로도 인슐린 저항성이 상당히 개선될 수 있는 것으로 나타났다.

• 인슐린 저항성 개선을 위해 바꿔야 할 생활 습관

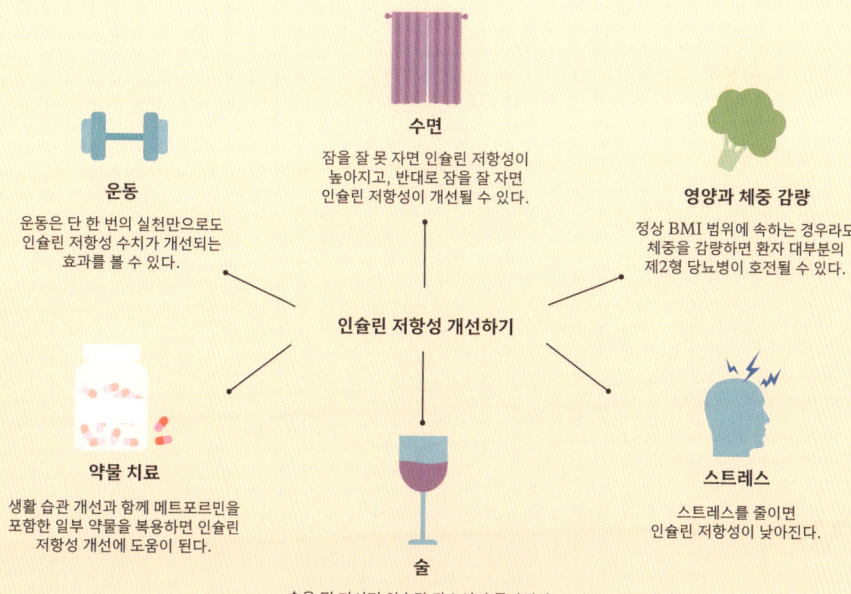

금연

금연은 심장병과 그 밖의 다양한 질환으로 인한
사망 위험을 줄이기 위해 누구나 할 수 있는 가장 효과적인 행동이다.
하지만 단순한 의지만으로는 성공하기 어렵다.

금연은 평균적으로 6회에서 많게는 30회까지 시도해야 할 정도로 성공하기 어려운 일이다. 조사에 따르면 흡연자의 3분의 2 이상이 담배를 끊고 싶어 하며, 전체 흡연자의 절반 이상이 지난 1년 동안 금연을 시도한 경험이 있는 것으로 나타났다.

가장 효과적인 금연법

금연의 성공 가능성을 높이기 위해 활용할 수 있는 다양한 접근법은 다음과 같다.

상담 및 인지행동 치료

상담 및 기타 행동 치료를 활용하면 아무런 치료를 받지 않는 경우보다 금연 성공률이 약 2배 높아진다. 그러나 1년 후 금연 유지율은 10~14%에 그친다.

니코틴 대체 요법

흡연이 아닌 다른 방식으로 니코틴을 몸에 공급하면 금연 성공 가능성이 약 50% 증가한다. 니코틴 대체 요법을 사용하는 사람들의 경우 약 16%가 6개월 후

• **금연을 시작하면 생기는 신체 변화**

20분	8시간	24시간	48시간	72시간	2주
심장 박동 및 혈압 감소	산소 수치 회복 시작	심장마비 발생 위험 감소	후각 및 미각 회복 시작	호흡이 편해짐	혈액 순환 개선

분 단위 → **시간 단위** → **주 단위**

에도 금연을 유지하는 것으로 나타났다. 니코틴 대체 요법은 패치나 사탕, 스프레이, 전자담배 등 여러 가지 형태로 실시할 수 있다. 현재 니코틴 백신 또한 개발 중이며, 이는 신체의 면역 체계를 활성화함으로써 니코틴이 뇌에 미치는 영향을 제한하는 반응을 유도한다.

약물 치료

부프로피온과 바레니클린과 같은 약물은 금연 성공 가능성을 높이며, 각각 19%와 25%의 성공률을 보인다.

전자담배

기존 담배 흡연을 피하기 위한 수단으로 전자담배를 사용하는 것도 많은 흡연자에게 더 나은 방향으로 나아가는 한 걸음일 수 있다. 하지만 전자담배 역시 잠재적인 위험이 전혀 없는 것은 아니다(73쪽 참조).

재흡연 가능성

안타깝게도 금연에 성공한 사람들의 약 10%는 매년 다시 흡연을 시작한다. 평균적으로 흡연자 약 3명 중 1명은 재흡연을 경험하며, 40세 미만이거나 다른 흡연자와 함께 사는 경우 재흡연 위험이 가장 높다.

금연은 성공하기 어려운 일이다. 게다가 재흡연의 위험도 높다. 하지만 금연의 이점은 매우 크고, 다양한 지원이 제공되고 있는 만큼 장기적인 금연을 위해 이를 최대한 활용해야 한다.

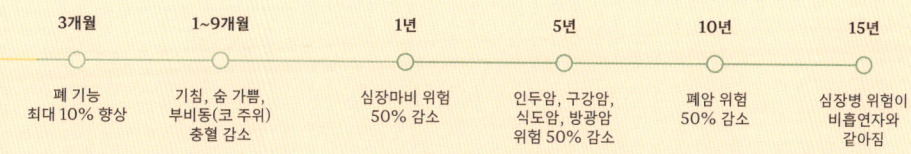

호르몬 대체 요법

호르몬 대체 요법을 이용해 심장병 위험을 줄이는 것은 다소 복잡한 주제다.
이 주제에 대해 '보편적으로 적용 가능한 한 가지' 해결책이란 없기 때문이다.

폐경의 특징은 에스트로겐 수치가 급격하게 저하되는 것으로, 특히 이른 나이에 폐경한 경우 심혈관 질환의 위험이 증가한다(78~79쪽 참조).

호르몬 대체 요법 관련 논쟁

폐경 이후 에스트로겐을 보충하면 향후 심혈관 질환의 위험을 줄일 수 있는지 알아보기 위해 여성 건강 계획(WHI)이라는 대규모 연구가 진행되었다.

이 연구는 폐경 후 여성들을 대상으로 결합형 에스트로겐과 프로게스테론을 투여한 그룹과 위약을 투여한 그룹을 비교하는 방식으로 진행되었다. 기존 연구 결과에 따르면 호르몬 대체 요법이 심장병 위험을 감소시킬 것으로 예상되었지만 13년에 걸친 추적 관찰 결과, 오히려 호르몬 대체 요법을 받은 그룹에서 심혈관 질환 발생률이 더 높게 나타났다.

하지만 WHI 연구에는 몇 가지 한계가 있다. 참가자들의 평균 나이가 63세로 평균 폐경 나이보다 10세 이상 많았으며, 이 중 절반은 과거 흡연 경험이 있었다. 즉 이 연구에서 분석한 대상군은 현재 호르몬 대체 요법을 고려하는 여성들과는 특성이 달랐다.

그런데도 이 연구 결과는 폐경 증상 완화를 위해 호르몬 대체 요법을 고려하는 여성들에게 큰 영향을 미쳤다. 그 결과 심혈관 질환 위험이 낮고 WHI 연구 대상과는 다른 특성을 가진 여성마저 이 치료를 받지 못하게 되어 삶의 질을 개선할 기회를 놓치는 상황이 발생했다.

그렇지만 나이가 많거나 관상동맥 질환이 있는 여성의 경우 호르몬 대체 요법이 오히려 향후 심혈관 질환의 위험을 높일 수 있다. 따라서 이 치료는 반드시 의료진과 상담 후 시작해야 한다. 모든 사람의 다양한 요구 사항을 만족시킬 수 있는 만병통치약은 존재하지 않는다.

  WHI 연구는 특정 집단을 대상으로 한 연구 결과가 전혀 다른 집단에도 영향을 미칠 수 있다는 점을 보여 주는 사례이다. 임상적 결정을 내릴 때는 항상 참고하는 연구의 대상자가 실제 치료를 받는 환자와 유사한지 고려해야 한다. 그렇지 않다면 그 연구 결과를 치료에 적용해도 될지 신중히 판단해야 한다. 안타깝게도 이러한 점은 오랫동안 젊고 건강한 폐경 이행기 여성들에게 문제가 되어 왔지만 최근 들어 이러한 인식은 점차 바뀌고 있다.

폐경을 맞은 젊은 여성

젊은 여성들을 대상으로 한 단기 연구에서는 호르몬 대체 요법이 심혈관 질환 발생 위험을 증가시키지 않으며, 다음과 같은 개선 효과가 있는 것으로 확인되었다.

- LDL 콜레스테롤 감소
- 혈압 개선
- 경동맥 내 플라크 지표 개선

> 호르몬 대체 요법 사용 여부는
> 이에 대한 전문 지식이 있는
> 의료진과 상담 후 결정해야 한다.

아스피린의 유용성에 대한 의문

아직 심장마비를 경험하지 않은 사람들이 예방 차원에서
아스피린을 사용하는 것은 오히려 해로울 수 있다.

과거에는 일명 '베이비 아스피린'이라 불리는 저용량 아스피린을 하루 한 알 복용하면 심장마비 예방에 도움이 된다고 해서 많은 이들이 아스피린을 복용했다. 아스피린은 실제로 심장마비 발생 가능성을 줄여 주지만, 동시에 심각한 내부 출혈을 유발할 수 있다. 따라서 아스피린의 복용 여부는 항상 심장마비의 위험과 출혈의 위험을 함께 고려해 결정해야 한다.

아스피린 관련 논쟁

이미 심장마비를 경험한 사람들은 재발 위험이 크기 때문에 아스피린 치료의 이점이 위험보다 더 클 수 있다. 그러나 심장마비 병력이 없거나 스텐트 시술이나 우회 수술을 받은 적이 없는 사람들의 경우 심장마비 위험이 아스피린 복용으로 인한 출혈 위험을 감수할 만큼 크지 않을 수 있다.

최근 연구에 따르면, 특히 65세 이상의 심장마비 병력이 없는 사람은 심장마비를 예방할 목적으로 아스피린을 복용했을 때 발생하는 부작용의 위험이 상당히 클 수 있다고 한다. 한편 65세 미만의 경우 아스피린 사용 여부는 개별적인 위험 요소를 고려해 결정해야 한다.

결정 방법

이러한 결정을 내리기 위한 한 가지 방법은 CT 검사를 통해 관상동맥 칼슘(CAC) 점수를 측정해 관상동맥 내 플라크의 양을 평가하는 것이다(110~111쪽 참조). CAC 점수가 99 미만으로 칼슘 축적이 거의 없는 경우에는 아스피린 복용으로 인한 위험이 얻을 수 있는 이점보다 클 가능성이 높다. 반면 CAC 점수가 100을 초과하는 경우에는 아스피린 복용의 이점이 위험보다 클 수 있다.

그러나 CAC 점수가 100을 넘더라도 심한 멍이나 출혈이 생긴다면 아스피린 복용을 재고해야 한다.

아스피린 치료를 시작하거나 중단하는 결정은 항상 의사와의 상담을 통해 이루어져야 한다. 최근 몇 년 사이 관련 연구 결과에 대한 해석이 달라지고 있으므로 향후 이를 의료진과 상의해 보는 것도 충분히 의미 있는 일이다.

- **아스피린 치료의 이점과 위험성**

심혈관 질환의 위험이 커질수록 아스피린 치료로 얻을 수 있는 이점도 커진다. 그러나 아스피린 치료로 심혈관 질환의 위험은 낮아져도 출혈의 위험은 오히려 커질 수 있다. 따라서 개인의 심혈관 질환의 위험이 출혈 위험보다 더 커지는 시점이 언제인지 정확히 판단하는 것이 중요하다.

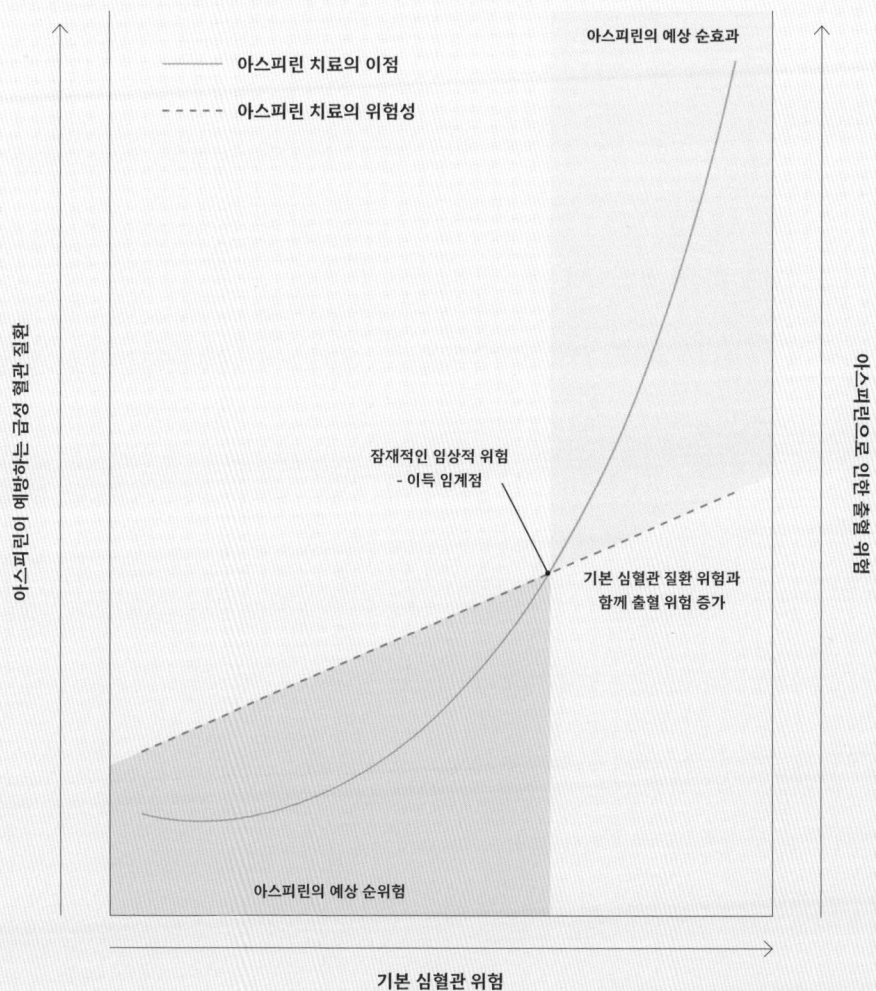

비만 치료

비만을 치료하고 이에 따른 심혈관 건강 위험을 줄이는 데 있어 가장 우선적인 목표는 체중 감량이며, 이를 달성하기 위한 여러 가지 방법이 최근 몇 년 동안 크게 발전해 왔다.

비만의 특징은 과체중이지만 사실 비만은 감정적·유전적·사회적·호르몬적·환경적 요인이 복합적으로 작용한 결과다.

체중 감량을 돕는 방법

비만을 관리하기 위해서는 체중을 감량하려는 당사자에게 가장 큰 영향을 미치는 요인을 해결해야 한다. 어떤 사람에게는 음식 섭취 습관을 형성하는 감정적 요인을 다루는 것이 필요할 수 있으며, 어떤 사람에게는 약물 사용이나 식단 조절, 운동 습관 변경이 효과적일 수 있다.

식이요법

체중 감량을 위한 식이요법은 열량 적자 상태 유지를 기본으로 한다. 이에 대한 자세한 내용은 140~141쪽에서 다룬다. 이러한 전략은 단기적으로는 효과적일 수 있지만 1년 이상 장기적으로 유지하기 어렵고, 감량한 체중이 다시 증가할 때도 많다.

운동

심혈관 건강을 유지하는 데 필수 요소이자 체중 감량에도 유용한 도구다. 하지만 운동만으로는 체중을 줄이는 데 한계가 있으므로 반드시 적절한 식이요법을 병행해야 한다.

정서적 건강

배고픔과 식욕은 상당 부분 보상과 관련되어 있다. 즉 우리는 사실 몸에 열량이 필요 없는 데도 음식을 먹고 거기에서 오는 즐거움으로 스트레스나 불안을 조절하고자 한다. 정서적 섭식은 체중 증가의 주요 원인이 될 수 있다. 만약 이것이 문제라면 이 분야를 전문으로 하는 심리 상담사의 도움을 받는 것이 좋다.

약물

정서적 건강관리와 식단 조절, 운동을 꾸준히 실천하더라도 체중을 충분히 감량하지 못할 수 있다. 이런 경우 식욕을 조절하는 최신 체중 감량 약물을 사용하면 체중 감량에 크게 도움이 되는 것으로 나타났다. GLP-1/GIP/글루카곤 수용체 작용제로 알려진 이들 약물은 1년 동안 체중을 15~25%까지 감소시키는 효과를 보였다. 현재 사용되는 약물은 주 1회 자가 주사 방식이지만 개발 중인 경구형 제형도 긍정적인 효과가 있는 것으로 보고되고 있다. 이러한 약물은 체중 감량 효과가 뛰어나지만 메스꺼움과 위장 장애와 같은 부작용 때문에 계속 복용하지 못하는 환자들도 많다. 아울러 혈압이나 콜레스테롤 치료제처럼 평생 복용해야 할 가능성도 크다. 복용을 중단한 환자들은 상당수가 원래 체중으로 돌아갔으며, 일부는 체중이 더 늘기도 했다.

따라서 이러한 약물들은 적절한 식단과 정서적 건강관리, 운동 등 기본적인 체중 감량 전략을 대체하는 것이 아니라 보완하는 수단으로 활용해야 한다.

• 체중 감량과 세마글루타이드 복용 중단 후의 체중 증가

세마글루타이드가 주성분인 오젬픽과 같은 GLP-1 수용체 작용제 계열의 약물은 상당한 체중 감량을 유도할 수 있지만 복용을 중단하면 대체로 체중이 다시 증가하는 경향이 있다. 이는 콜레스테롤 저하제나 혈압 강하제와 마찬가지로 체중 조절 약물도 복용을 중단하면 원래의 과체중으로 되돌아가는 경향이 있음을 의미한다.

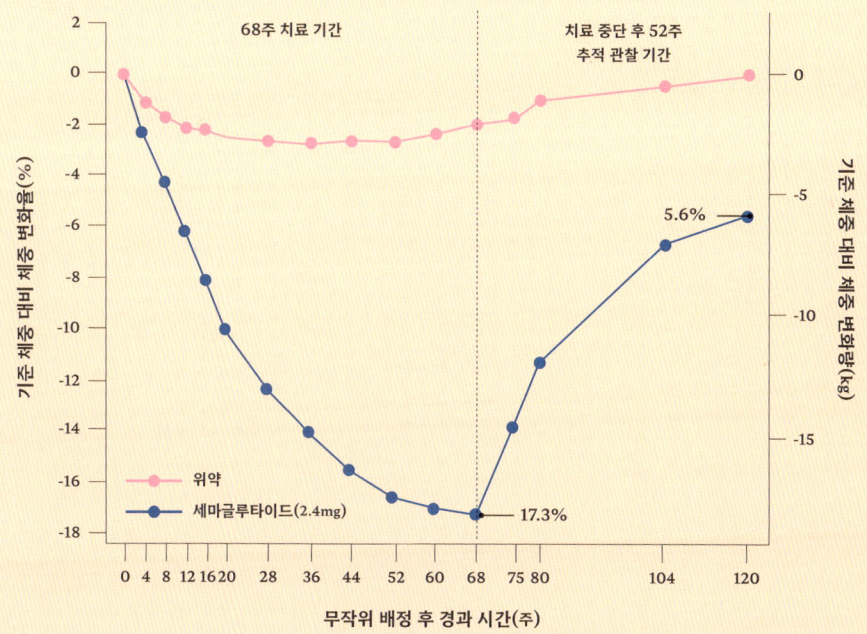

자연이 주는 혜택

자연 속에서 보내는 시간은 건강 증진을 위한
가장 쉽고 즐거운 방법 중 하나일 수 있다.

19세기 산업혁명 이후 점점 더 많은 사람들이 농촌에서 도시화된 지역으로 이동해 왔다. 그 결과 자연에서 시간을 보낼 기회가 점차 줄어들었다. 하지만 인간은 자연과 긴밀하게 연결된 존재다. 저명한 생물학자 에드워드 오즈번 윌슨은 이를 '바이오필리아(Biophilia)', 즉 '자연에 대한 사랑'이라 명명했고, 독일의 심리학자 에리히 프롬은 "인간에게는 다른 생명체나 자연과의 깊은 유대감이 생물학적으로 내재해 있다"라고 주장했다.

그렇다면 자연 속에서 시간을 보내면 정말로 건강에 도움이 될까? 그렇다. 도움이 된다.

자연이 주는 긍정적 효과

자연에서 보내는 시간이 건강에 어떤 영향을 미치는지를 분석한 다수의 연구가 진행되었으며, 여기에는 무작위 대조군 연구와 같은 체계적이고 객관적인 연구도 포함된다. 그 결과 자연이 주는 여러 긍정적 효과가 밝혀졌다.

- 수축기 혈압 – 4.8mmHg 감소
- 이완기 혈압 – 3.8mmHg 감소
- 평균 걸음 수 – 하루 900보 증가
- 우울증 완화
- 불안 증상 완화

이러한 이점은 심혈관 질환의 위험을 낮추고 삶의 질을 높이는 데 도움이 된다. 그렇다면 자연 속에서 얼마나 많은 시간을 보내야 효과를 볼 수 있을까? 동네 공원에서 시간을 보내는 것도 효과가 있을까, 아니면 더 깊은 자연으로 들어가야 할까?

정서적 안정감과 건강 증진에 대한 자기 인식을 조사한 여러 연구에 따르면, 일주일에 2시간 이상 자연에서 보냈을 때 긍정적인 효과가 나타난다고 한다. 이들 연구 중 많은 경우는 참가자들이 그저 가까운 공원에서 시간을 보내도록 했음에도 이러한 혜택을 누릴 수 있었다.

설령 혈압이나 불안, 우울 지표에 직접적인 변화가 없더라도 자연에서 시간을 보내는 데는 의사의 처방이 필요하지 않다. 자연 속에서 보내는 시간은 그 자체로 마음을 치유하는 일이며, 그 효과를 수치로 완벽하게 측정하기란 쉽지 않다. 따라서 지금으로서는 연구 결과를 기다릴 것 없이 가능한 한 자주, 원하는 만큼 자연을 즐기는 것이 가장 바람직할 것이다.

· **알고 있나요?** ·

일본에는 자연에서 시간을 보내는 것을 의미하는 단어가 있다. 이는 '신린요쿠'로 '숲속에서 목욕한다'라는 뜻이다.

많이 하는 질문들

스타틴 약물은 밤에 복용해야 할까?

아니다. 과거에는 콜레스테롤이 대부분 밤에 간에서 합성되므로 스타틴을 밤에 복용하는 것이 좋다고 했지만 실제로 약을 여러 날 복용할 경우 하루 중 언제 복용하든 효과에 큰 차이가 없다는 사실이 밝혀졌다.

•

맥주 대신 레드 와인을 마시면 심장 건강에 도움이 될까?

심장 건강에 좋은 술은 없다. 포도껍질에 함유된 레드 와인의 레스베라트롤이라는 성분이 심장 건강에 도움이 된다는 연구가 있긴 하지만 레드 와인에는 매우 적은 양이 함유되어 효과를 보려면 하루에 몇 리터씩 마셔야 한다.

•

심장 건강을 위해 탄수화물을 모두 끊어야 한다고 들었는데, 사실일까?

아니다. 정제된 탄수화물, 특히 설탕과 가당 음료 섭취를 줄이는 것은 도움이 될 수 있지만 모든 탄수화물을 먹지 말아야 하는 것은 아니다. 예를 들어 잎채소도 탄수화물에 속하지만 당 함량이 적고 식이섬유가 풍부해 건강에 유익하다. 만약 당뇨병이 있다면 탄수화물을 정상적으로 대사하지 못할 가능성이 크므로 탄수화물 섭취를 줄이는 것이 좋은 전략이 될 수 있다. 하지만 이 또한 다른 여러 요인에 따라 달라질 수 있다.

Chapter 6

심장병 치료하기

심장병의 진행 되돌리기

일반적인 인식과 달리 관상동맥에 쌓인 플라크는 생활 습관 변화를 통해 감소시킬 수 있으며, 가장 효과적인 방법은 LDL 콜레스테롤 수치를 낮추는 것이다.

사람들은 대부분 살다가 때가 되면 관상동맥 질환을 얻는다. 그렇지만 병을 얻었다 해도 되돌릴 방법은 있다. 완치는 아니어도 최소한 상태를 호전시킬 수는 있는 것이다.

플라크의 크기와 구성

관상동맥 질환의 진행을 막거나 호전시킨다는 것은 동맥 내 플라크의 크기를 줄이고 구성에 변화를 주는 것을 의미한다. 즉 불안정한 플라크(파열 가능성이 크고 심장마비를 일으킬 위험이 높은 형태)를 더 안정적인 플라크로 상태를 바꿔 파열 가능성을 줄이는 것이다. 일반적으로 플라크는 크기가 작고 안정된 상태일수록 건강에 더 좋다. 관상동맥 질환이 있는 것 자체는 문제가 되지 않는다. 문제는 관상동맥 질환이 플라크 파열을 일으켜 심장마비로 이어지는 것이며, 이는 예방이 가능하다.

심장병을 호전시킬 몇 가지 방법

오래 살다 보면 대부분 관상동맥 질환을 피하지 못할 것이다. 하지만 플라크가 쌓였을 때 다양한 방법을 통해 이를 안전하게 줄이고 안정화할 수 있다는 것이 입증되었다.

운동

규칙적인 운동은 동맥에 축적된 플라크를 10% 감소시키고 불안정한 플라크의 양을 줄이는 효과도 있다. 이러한 효과는 심장마비를 경험한 사람들에게 운동이 큰 도움이 되는 주요 이유 중 하나이며, 이후 심장마비 발생 위험을 낮추기도 한다.

식이요법

식이요법이 동맥 내 플라크의 축적을 막고 플라크의 크기를 줄이거나 안정화하는 데 얼마나 효과가 있는지에 대한 연구는 그리 많지 않다. 하지만 가공식품이나 정제된 당분, 염분을 최소화하는 식단을 중심으로 한 접근법이 불안정한 플라크를 감소시키는 효과를 보였다는 연구 결과가 있다.

> 플라크의 축적을
> 막거나 안정화하는 데
> 가장 확실하게 입증된
> 방법은 LDL 콜레스테롤을
> 줄이는 것이다.

LDL 콜레스테롤 줄이기

여러 임상 연구를 통해 LDL 콜레스테롤 수치를 70mg/dL 이하로 낮추면 동맥 내 축적된 플라크와 불안정한 플라크의 양이 줄어든다는 사실이 확인되었다. 이러한 효과는 LDL 콜레스테롤 수치를 39mg/dL 이하로 낮췄을 때도 동일하게 나타났다. 또한 이 정도 수준까지 낮추는 것이 안전하다는 연구 결과도 보고되었다.

이러한 LDL 콜레스테롤 목표치를 달성하려면 일반적으로 콜레스테롤 저하 약물의 도움이 필요하다. 이때 중요한 것은 어떤 약물을 사용하느냐보다는 LDL 콜레스테롤을 70mg/dL 이하로 낮출 수 있느냐는 것이다. 스타틴이나 에제티미브, PCSK9 억제제 모두 플라크 감소 효과가 입증된 바 있지만 이들의 유효성은 대부분 LDL 콜레스테롤 수치를 얼마나 낮출 수 있는지에 달려 있다.

• 스타틴 치료 후 플라크 부피 감소

플라크는 완전히 제거되지 않지만 부드러운 젤처럼 불안정한 상태였던 안쪽 부분이 더 단단하게 석회화된 상태로 변할 수 있다. 이렇게 변한 플라크는 크기가 줄어들고 파열 위험이 낮아져 심장마비를 유발할 가능성도 줄어든다. 몇몇 연구 결과에 따르면 플라크의 부피가 1% 감소할 때마다 심장마비 발생 위험이 20% 감소한다고 한다.

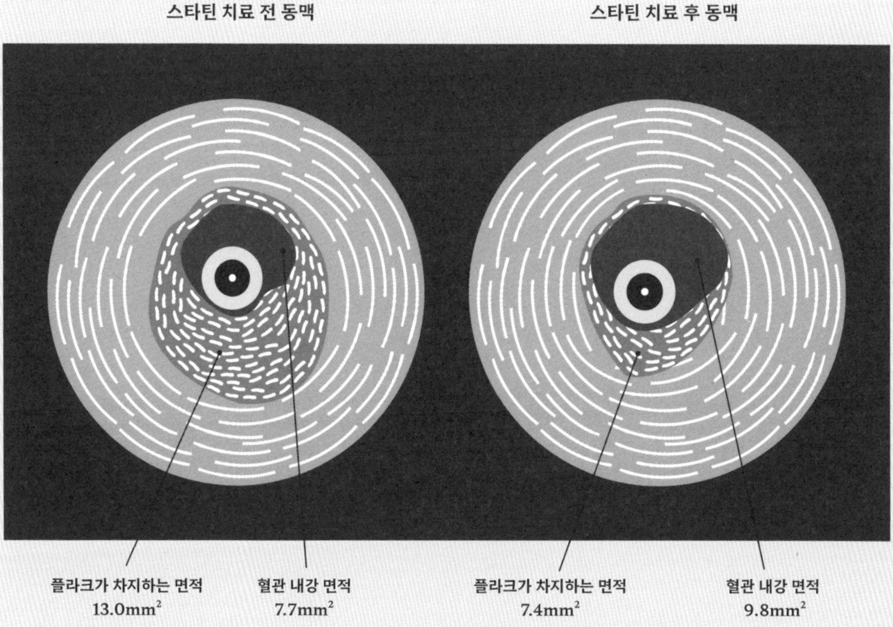

스타틴 치료 전 동맥   **스타틴 치료 후 동맥**

플라크가 차지하는 면적	혈관 내강 면적	플라크가 차지하는 면적	혈관 내강 면적
13.0mm²	7.7mm²	7.4mm²	9.8mm²

심장 재활 프로그램

심장 재활은 심장마비를 경험한 사람들 모두 반드시 거쳐야 하는 교육 및 운동 프로그램이다. 이 프로그램은 환자가 되도록 빨리 정상적인 삶으로 복귀할 수 있도록 전문적인 지원을 제공한다.

심장 재활 프로그램은 심장 건강 증진 방법 및 심장마비 이후 해야 할 일과 기대할 수 있는 일에 대한 필수 정보를 제공하는 것을 목표로 한다.

심장마비를 겪은 후 진행되는 일

심장 재활 프로그램은 병원에서 시작되어 퇴원 후에는 대개 환자의 거주지에서 몇 주 동안 계속되며 의사, 간호사, 물리치료사, 영양사, 심리 상담사로 구성된 전문 팀에 의해 진행된다. 과거에는 심장마비를 겪은 환자들은 몇 주간 '절대 안정'을 취해야 한다고 생각했다. 그러나 지금은 이러한 방법이 옳지 않으며 처음부터 적절한 신체 활동을 하면서 점차 활동량을 늘리는 것이 훨씬 더 효과적인 접근법이라는 사실이 밝혀졌다.

심장 재활 프로그램의 구성 요소

과거에는 심장 재활 프로그램이 심장마비 이후 신체 활동 수준을 높이는 데 집중했지만 이제는 더욱 포괄적인 모델로 확대되어 다음과 같은 영역을 아우른다.

- 심장병 교육 및 인식 개선
- 영양 관리
- 심리적 지원
- 약물 관리
- 금연
- 체중 조절
- 당뇨병, 혈압, 콜레스테롤 관리
- 직장 복귀, 여행, 성생활 및 기타 활동에 대한 신체 상태 평가

심장 재활 프로그램은 일반적으로 여러 명이 함께 하는 형태로 진행되어 환자들이 비슷한 상황에 놓인 사람들과 같은 목표를 공유할 수 있게 한다. 이때 이들은 심장마비 이전에 했던 활동을 다시 하는 것을 목표로 한다.

심장 재활 프로그램이 생명을 구하는 효과가 있다는 사실이 입증되었음에도 여전히 참여하기 쉽지 않은 것이 현실이다. 설령 참여할 수 있는 프로그램이 있다 해도 일부 나라에서는 참여율이 15~30%에 불과할 정도로 낮은 편이다.

• 심장 재활 프로그램의 핵심 요소

심장 재활 프로그램은 단일 요소가 아니라 다양한 요소를 포괄하는 과정이다. 향후 심혈관 질환의 위험을 줄이기 위해서는 약물 치료뿐 아니라 영양, 운동, 수면, 스트레스 관리와 같은 주요 예방 요소들이 함께 고려되어야 한다. 심장 재활 프로그램은 비슷한 목표를 가진 사람들이 서로 협력하며 이러한 목표를 달성할 수 있도록 돕는다.

> · 알고 있나요? ·
>
> 심장 재활 프로그램에 참여하면 심장마비를 다시 겪을 위험이 38% 감소하고, 심장병으로 사망할 위험은 25% 줄어드는 것으로 나타났다.

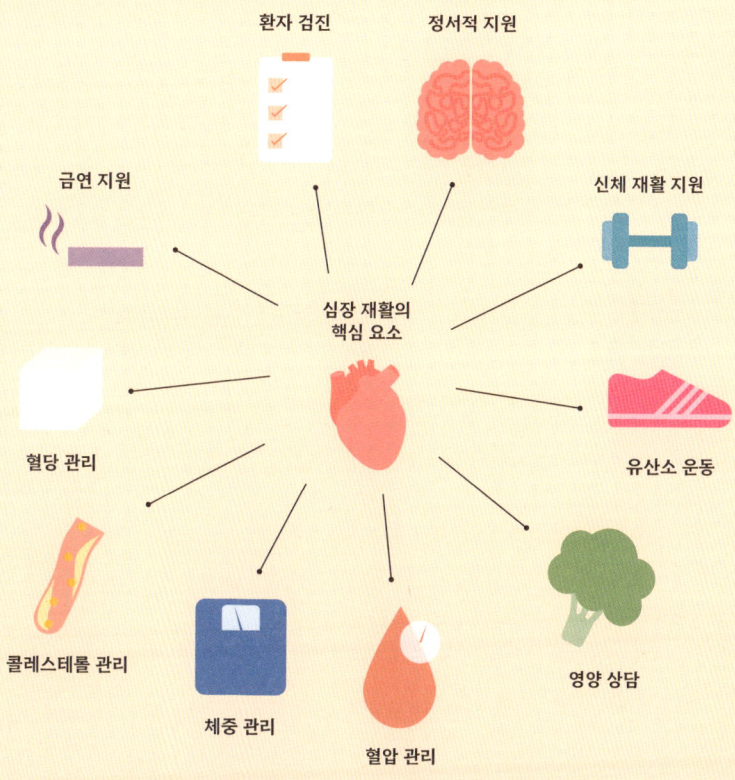

심장마비 이후의 활동

심장마비를 겪은 사람도 시간이 지나면 대부분 이전에 하던 모든 활동을 다시 할 수 있다.
문제는 많은 이가 그것을 두려워한다는 사실이다.

심장마비는 누구에게나 삶을 뒤흔드는 중대한 사건이다. 보통 심장마비를 겪으면 며칠간 입원해 여러 검사를 받고 의사와 간호사, 물리치료사, 영양사, 심리 상담사 등 다양한 의료진의 치료를 받게 된다.

그러나 퇴원 후에는 심장마비 이전에 하던 일들을 다시 해도 괜찮은지 확신이 서지 않는 경우가 많다. 환자들은 대부분 시간이 지나면서 활동을 재개할 수 있지만 일부 활동을 하는 데는 더 많은 시간이 필요하다. 다음은 이런 상황에서 도움이 될 만한 방법들이다.

활동

심장마비를 겪은 직후 며칠 동안은 매우 가벼운 활동만 허용되며, 시간이 지나면서 점차 활동량을 늘려가는 것이 바람직하다. 지역사회에서 운영하는 심장 재활 프로그램(178~179쪽 참조)에 참여하는 것은 심장마비 이후 활동 수준을 점차 회복할 수 있다는 자신감을 얻는 데 필수적이며, 향후 심장마비 발생 가능성을 줄이는 데도 효과적인 것으로 나타났다.

운전

다시 운전대를 잡는 것은 많은 사람들의 주요 목표지만 일반적으로 심장마비의 심각도에 따라 1주에서 4주 정도는 운전을 피해야 한다. 정확한 운전 재개 시점은 담당 의사의 판단과 거주 지역에 따라 결정되는데, 나라별로 다를 수 있다. 그러므로 퇴원 전에 반드시 확인하는 것이 좋다.

만약 버스나 트럭과 같은 상업용 차량을 운전하는 경우 더 오랫동안 운전을 못 하게 될 가능성이 크며, 한국의 경우 신고 의무가 없지만 대부분의 나라에서는 운전면허를 발급하는 거주지 교통 당국에 심장마비 발병 사실을 신고해야 한다.

> 심장마비 후 규칙적으로 운동하는 사람은 그러지 않는 사람보다 사망 위험이 절반가량 낮다.

일

심장마비 후 직장에 복귀하는 것은 모든 환자의 목표가 되어야 한다. 하지만 최소 2주 정도는 일을 쉬어야 한다. 무거운 짐을 들거나 신체적으로 힘든 활동을 해야 하는 직업일 경우 더 오래 쉬어야 할 수도 있으며, 복귀 시점은 담당 의사의 판단에 따라 결정된다.

비행

심장마비를 겪고 7~10일 정도 지나면 대부분 비행기를 탈 수 있다. 하지만 심장마비 이후 심장기능상실이 있는 경우 증상이 안정될 때까지 비행이 어려울 수 있다. 비행 전에는 반드시 항공사와 여행 보험사에 문의해 각 회사의 규정과 절차를 확인해야 한다.

성생활

정상적인 성생활로 돌아가는 것도 중요한 회복 과정의 한 부분이다. 성생활은 일반적으로 신체 상태가 충분히 회복되었다고 느껴질 때 가능하며, 대부분 심장마비 후 4~6주가 지난 시점이 적절하다. 개인에 따라 시간이 더 오래 걸릴 수도 있지만 성생활로 인해 심장마비가 재발할 가능성은 매우 낮다는 점을 아는 것이 중요하다.

베타 차단제와 같은 일부 심혈관 치료제는 발기부전을 유발할 수 있으며, 이러한 문제는 담당 의사와 상의하는 것이 좋다. 일반적으로 심장마비 이후의 목표는 성생활을 이전보다 더 나은 수준은 아니더라도 이전과 비슷한 수준까지 회복할 수 있도록 돕는 데 있다.

> 1950년대에는 심장마비를 겪은 후 4~6주 동안은 절대 안정을 취해야 한다고 했지만 최근에는 발생 다음 날부터 가벼운 활동을 시작할 것을 권장한다.

심장기능상실의 치료

심장기능상실 치료는 그동안 비약적인 발전을 이루어 이제는 오히려 '심장기능강화 치료'라고 불러야 할 정도다.

심장기능상실의 원인은 다양하지만(42~43쪽 참조) 원인별 치료법은 매우 유사하다. 심장기능상실 치료의 첫 번째 단계는 근본적인 원인을 해결하는 것이다. 그렇지만 몇몇 공통된 원칙들이 거의 모든 심장기능상실 치료에 적용된다.

과도한 체액 제거

심장기능상실은 온몸에 체액이 고이는 것이 특징이며, 그로 인한 대표적인 증상은 하지 부종(종아리 부기)이다. 과도한 체액은 다리를 붓게 할 뿐만 아니라 폐에 고이면 호흡곤란을 일으킨다. 이러한 증상은 이뇨제를 써서 완화할 수 있다.

체액 불균형을 바로잡는 것 외에도, 환자들은 대부분 다음과 같은 목적으로 여러 계열의 약물 치료를 병행해야 할 수 있다.

- 심장기능상실로 인한 사망 위험 줄이기
- 다시 입원해야 할 정도로 체액이 과도하게 고이지 않게 하기
- 심장 기능을 개선하고, 가능하다면 정상 수준으로 회복하기

심장기능상실 치료에 사용되는 네 가지 계열의 주요 약물은 다음과 같다.

1. ACE 억제제/안지오텐신 수용체 차단제/ARNIs – 레닌 안지오텐신 계통에 작용해 신장 내 혈류 및 혈압을 조절하는 호르몬에 영향을 준다.

2. 미네랄코르티코이드 수용체 길항제(MRAs) – 알도스테론 길항제라고도 하며, 신장 위에 있는 부신에서 분비되는 호르몬의 생성을 조절한다.

3. 베타 차단제 – 아드레날린과 노르아드레날린 같은 스트레스 호르몬의 분비를 억제함으로써 심박수를 낮춘다.

4. SGLT2 억제제 – 원래 당뇨병 환자의 혈당 조절을 위해 개발되었지만 심장기능상실 치료에도 효과가 입증되었다. 소변으로 배출되는 포도당을 증가시켜 혈당을 낮추고, 체내 수분 제거 작용도 한다.

• 비대해진 심장의 상태

심장 근육의 기능이 저하되어 심실에 혈액이 더 많이 고이게 되면, 그 결과 심실이 확장된다. 이렇게 심실이 확장되면 심장 벽은 근육이 얇아지기 시작하고 결국 기능이 더욱 저하된다. 이런 악순환이 거듭되면서 심장의 상태는 점점 더 나빠진다.

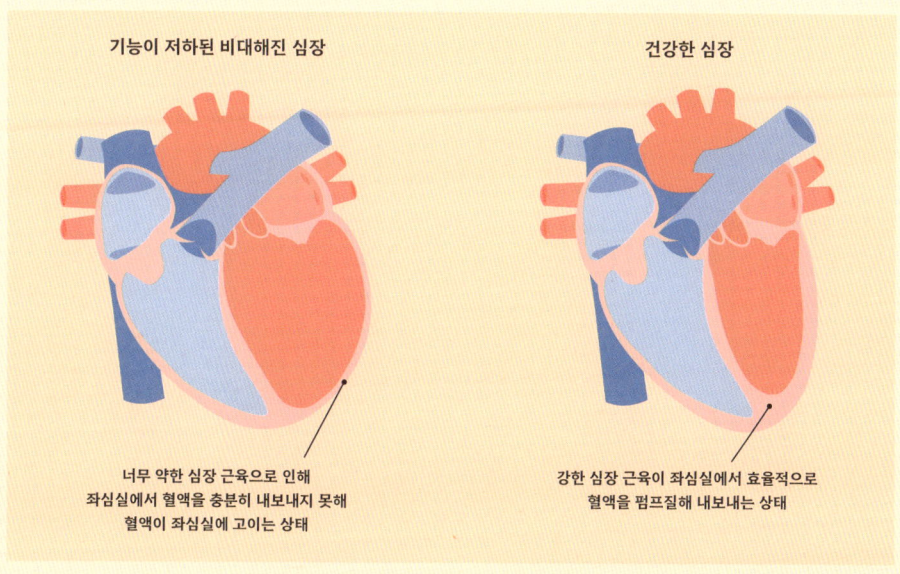

기능이 저하된 비대해진 심장 / 건강한 심장

너무 약한 심장 근육으로 인해 좌심실에서 혈액을 충분히 내보내지 못해 혈액이 좌심실에 고이는 상태

강한 심장 근육이 좌심실에서 효율적으로 혈액을 펌프질해 내보내는 상태

중증 심장기능상실의 치료

심장 기능이 심각하게 저하된 환자는 네 가지 계열의 주요 약물을 복용 가능한 용량까지 모두 투여해야 할 가능성이 크다. 일반적으로 이러한 접근이 가장 좋은 치료 결과로 이어진다.

심장 기능이 중등도로 저하된 심장기능상실 환자는 상태에 따라 이들 약물을 일부 또는 전부 복용해야 할 수 있다. 심장의 이완 기능에 문제가 생겨 발생하는 심장기능상실(박출률 보존 심장기능상실) 환자 역시 이들 약물이 일부 또는 전부 필요할 수 있다.

이러한 약물들은 각각 중증 심장기능상실 환자의 생존율을 높이는 데 기여할 수 있다. 하지만 안타깝게도 실제로는 중증 심장기능상실 환자들이 적절한 약물을 처방받지 못하거나 복용하더라도 용량이 충분하지 않은 경우가 많다.

어떤 약물을 사용할지는 심장 초음파 검사와 담당 의사의 임상적 판단에 따라 결정된다.

현재 심장기능상실은 이전보다 선택할 수 있는 치료 방법이 훨씬 더 많아진, 적극적으로 치료할 수 있는 질환이다. 그야말로 성공이 보장된 치료라고 할 수 있다.

뇌졸중에 대처하는 법

뇌졸중 또는 재발성 뇌졸중의 위험을 줄이는 가장 중요한 방법은 주요 동맥에 플라크가 쌓이는 원인이 되는 모든 요인을 관리하는 것이다. 심장마비 위험을 줄이기 위해 노력하고 있다면 동시에 뇌졸중 위험도 줄이고 있는 셈이 된다.

뇌졸중은 주로 뇌에 혈액을 공급하는 동맥에 형성된 플라크에 의해 발생한다. 이에 대한 자세한 내용은 38~39쪽을 참조하라.

일반적으로 이러한 동맥 내 플라크를 줄이고 뇌졸중 위험을 높이는 주요 요인인 고혈압 또는 높은 LDL 콜레스테롤이나 APOB의 농도를 효과적으로 조절하는 것이 중요하다.

뇌졸중이 발생한 경우 가장 중요하게 해야 할 것은 다음 세 가지다.

1. 조기에 인지하기
2. 조기에 치료하기
3. 재발 예방하기

뇌졸중의 징후 알아차리기

뇌졸중 증상은 여러 형태로 나타날 수 있지만 가장 흔한 증상은 다음과 같다.

- 얼굴의 감각 저하 또는 한쪽 처짐
- 팔이나 다리의 힘 빠짐
- 갑작스러운 언어 장애
- 갑작스러운 시력 장애
- 갑작스럽고 심한 두통

이러한 증상을 기억하는 방법으로 FAST(빨리)라는 용어가 사용된다. 이는 Face(얼굴), Arms(팔), Speech(말하기), Time(시간)의 약자로 얼굴이나 팔에 갑자기 힘이 빠지거나 말하기에 문제가 생기는 경우 즉시 행동에 나서 신속하게 응급 의료 지원을 요청해야 한다는 뜻이다.

뇌졸중 치료 가능 시간

FAST라는 약자는 뇌졸중 전조 증상을 기억하고 대처하는 방법을 알려 줄 뿐만 아니라 신속한 대응의 중요성을 강조한다. 여기서 '시간'이 중요한 이유는 뇌졸중으로 인한 신경 손상을 줄이는 최신 치료법이 증상 발생 후 4시간 30분~6시간 이내에 시행되어야 하기 때문이다.

이 시간 안에 사용할 수 있는 치료법으로는 혈전용해제 투여와 특수한 튜브를 이용한 혈전 제거 시술이 있다. 그런데 이러한 치료법은 치료 가능 시간을 벗어나면 효과가 크게 떨어지거나 실시하기 어려워진다. 병원까지 가는 시간과 필요한 검사를 진행하는 시간을 고려하면 실제로 시간이 얼마 남지 않으므로 FAST 원칙에 따라 즉시 행동에 나서 응급 의료 지원을 요청해야 한다.

뇌졸중 이후 재활 치료

뇌졸중 관리에서 두 번째로 중요한 단계는 재발성 뇌졸중 예방과 재활 치료다. 이것은 의사와 간호사, 물리치료사 등 여러 의료 전문가가 협력하는 치료 과정으로 재활 치료를 받은 뇌졸중 환자는 뇌졸중 이후 생존율이 높고, 독립적인 생활을 유지할 가능성이 크며, 발병 후 1년 이내에 집에서 생활하게 될 확률이 더 높다.

대부분의 뇌졸중 경험자들은 퇴원 후 어떤 형태로든 항응고제(혈전 예방 약물)를 복용하게 되지만 무엇보다 중요한 것은 고혈압과 고콜레스테롤 같은 뇌졸중 재발 위험 요인을 철저히 관리하는 것이다. 뇌졸중을 경험한 사람 4명 중 1명(25%)은 다시 뇌졸중을 겪는 만큼 이러한 위험 요인들을 관리해 재발을 막는 것이 매우 중요하다.

뇌졸중은 무엇보다 예방이 최선이지만 이미 겪은 환자들을 위한 치료법 또한 지난 20년 동안 상당히 발전해 왔다.

- **FAST 가이드: 뇌졸중 전조 증상**

FAST는 뇌졸중 증상과 대처 방법을 기억하는 데 사용되는 약자다. 본인 또는 다른 사람이 갑자기 이런 증상을 보이면 곧바로 응급 의료 지원을 요청한다.

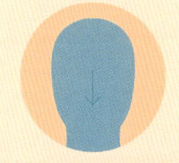

F — Face drooping
얼굴 마비나 떨림

A — Arm weakness
팔과 다리의 힘 빠짐

S — Speech difficulties
발음 이상

T — Time to call
곧바로 119에 전화

심장마비로 인한 돌연사

심장마비로 인한 사망은 갑자기 일어나는 경우가 많지만 그렇다고 해서 사전에 징후가 전혀 없는 것은 아니다. 어떤 환자들은 명백한 가족력이, 어떤 환자들은 이유 없이 갑자기 쓰러지는 등의 증상이 경고 신호일 수 있다.

성인의 심장마비로 인한 돌연사는 대부분 관상동맥 질환으로 인해 발생한다. 일반적으로 관상동맥 내 플라크가 파열되면서 형성된 혈전이 심장 근육으로 가는 혈류를 차단해 치명적인 심장 박동 장애, 즉 부정맥을 일으키는 것이다.

- 브루가다 증후군
- 긴 QT(심전도에서 심장의 전기적 활동을 측정하는 구간 중 하나-옮긴이) 증후군
- 비대성 심근병증
- 선천성 심장 질환
- 심근염
- 부정맥 유발성 우심실 심근병증

불규칙한 심장 리듬

심장을 멈추게 하는 것은 비정상적인 심장 리듬이지 관상동맥 내 플라크가 아니라는 점이 중요하다. 관상동맥 내 플라크는 심장 근육에 손상을 입히고, 결국 심장 리듬 장애를 초래해 사망에 이르게 한다. 이러한 부정맥은 주로 심실빈맥(VT) 또는 심실세동(VF)의 형태로 나타난다. 이 두 가지 부정맥은 심장의 전기적 신호를 교란해 정상적인 심장 기능을 방해함으로써 결국 사망에 이르게 할 수 있다. 관상동맥 질환은 이러한 심장 리듬 장애의 가장 흔한 원인이지만 35세 이하 성인에서 발생하는 돌연사는 관상동맥 질환과 무관한 경우가 많다.

젊은 성인의 심장 돌연사 원인으로는 다음과 같은 질환이 있다.

심장 돌연사의 원인 찾기

심장 돌연사는 여러 가지 잠재적 원인에 의해 발생할 수 있지만 부검을 통해서도 정확한 원인이 확인되지 않는 경우가 많다. 돌연사한 사람의 경우 유전자 검사를 통해 사망 원인을 발견할 가능성이 높아졌지만 안타깝게도 여전히 명확한 원인이 규명되지 않는 경우가 많다.

하지만 돌연사가 발생했을 때 부검은 반드시 필요하다. 이는 사망 원인을 확인하는 데 그치지 않고 원인이 된 질환이 유전될 가능성이 있는 경우 가족 구성원에 대한 진단과 예방적 조치를 하는 데도 중요한 역할을 하기 때문이다.

• 비대성 심근병증

좌심실과 우심실을 나누는 심장 벽(중격)이 두꺼워지는 유전성 질환이다. 심장 근육이 비대해지면 대동맥으로 혈액이 흘러 나가는 통로인 좌심실 유출로가 좁아질 수 있다.

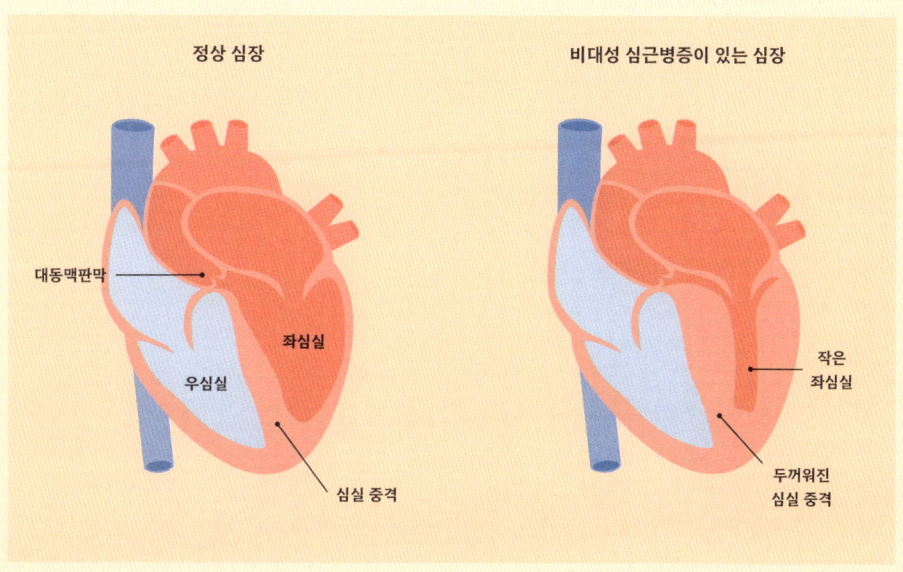

심장 돌연사의 전조 증상

심장 돌연사한 사람들은 많은 경우 사전에 특별한 증상이 나타나지 않지만 원인을 알 수 없이 갑자기 실신했다거나 심장 박동이 너무 빨라 어지러운 적이 있었다면 반드시 정밀 검사를 받아야 한다. 특히 가족 중에 젊은 나이에 심장 돌연사한 사례가 있다면 더욱 주의가 필요하다.

심장 돌연사의 위험도를 평가하기 위해서는 전문 센터에서 정밀 검사를 받는 것이 좋다. 이때 종종 가족 구성원 여러 명을 검사해야 할 수도 있다. 만약 심장 돌연사 고위험군으로 확인된다면 이식형 심장세동 제거기를 사용할 수 있는데, 이 기기는 심장에 위험한 부정맥이 발생했을 때 전기 충격을 가해 심장의 리듬을 정상으로 되돌리는 역할을 한다.

심장 돌연사는 누구에게나 가장 두려운 사고 중 하나지만 실제로는 매우 드물게 발생한다.

약물 복용을 중단해도 괜찮을까?

항생제와 달리 대부분의 심장 질환 치료제는 평생 복용하거나 더 나은 치료법이 개발될 때까지 계속 복용해야 하는 경우가 많다. 실제로 시간이 지나면 대개 새로운 치료법이 개발된다. 하지만 일부 환자들은 복용 중이던 약물을 중단할 수 있으며, 그렇게 하는 경우도 있다.

약 먹는 것을 좋아하는 사람은 없다. 누구나 가능하다면 약 없이 살기를 바란다. 생활 습관을 최적화하기 위해 아무리 노력해도 심장마비 예방과 같은 최상의 결과를 얻으려면 경우에 따라 약물 치료가 필요할 수 있다. 하지만 어떤 치료를 받느냐에 따라 일부 환자는 복용 중이던 약물을 중단할 수도 있다.

중단할 수 있는 약물과 중단할 수 없는 약물

혈압약은 체중을 많이 줄이면 용량을 줄이거나 중단할 수 있다. 같은 원리가 제2형 당뇨병 치료제에도 적용되어 생활 습관 개선을 통해 혈당이 정상 범위로 유지되는 경우 약물 용량을 줄이거나 중단할 수 있다. 그러나 아스피린과 같은 혈전 생성 억제제는 대개 장기적으로 복용해야 하며, 특히 심장마비 이후에는 더욱 그렇다. 생활 습관을 크게 개선하더라도 보통 이런 약물을 완전히 중단할 정도까지 되기는 힘들다. 일반적으로 심장병이 진행된 정도가 심할수록 복용 중인 약물을 완전히 중단할 가능성은 줄어든다.

콜레스테롤을 낮추기 위한 약물은 대부분의 경우 장기간 지속적으로 복용해야 한다. 약물의 종류는 변경될 수 있지만 약물이 필요하다는 사실 자체는 거의 변하지 않는다. 일부 환자들은 생활 습관을 극적으로 개선해 콜레스테롤 저하 약물이 더 이상 필요하지 않게 되기도 하지만 드문 경우다.

심장기능상실 환자는 심장 기능이 회복된 경우라도 약물을 중단하면 심장 기능이 다시 나빠지는 경우가 많은 것으로 알려져 있다. 이러한 상황에서는 약물을 줄이거나 중단하는 것이 권장되지 않는다.

어떤 약물이든 중단 결정은 반드시 주치의와 상담한 후 결정해야 한다.

노년기에 약물 중단하기

나이가 들고 몸이 약해지면 일부 약물이 더 이상 필요하지 않을 수 있다. 게다가 이 나이대에서는 종종 약물 부작용 위험이 더 커지기도 한다. 여러 약물을 동시에 복용하는 '다약제 치료'로 어려움을 겪는 고령의 환자가 많은데, 이는 복용하는 약물의 수가 많아질수록 기대할 수 있는 이점보다 해로움이 더 클 수 있기 때문이다. 이런 경우에는 오히려 약물을 일부 중단하는 것이 더 나을 수도 있다.

약물 복용을 계속해야 할지 결정할 때는 현재 받고 있는 약물 치료의 필요성을 항상 재평가해야 한다. 예를 들어 과거보다 아스피린 처방이 훨씬 줄어든 것처럼 치료법의 의학적 근거와 방식은 시간이 지나며 달라질 수 있다. 따라서 진료를 받을 때마다 현재 복용 중인 모든 약물이 여전히 필요한지 의사와 함께 확인하는 것이 중요하다. 대부분의 약물은 계속 필요하겠지만 생활 습관을 성공적으로 개선한 경우에는 일부 약물은 더 이상 필요하지 않을 수도 있다. 또한 특정 약물에 대한 새로운 연구 결과가 나오면 이에 맞춰 치료 방식 또한 조정되어야 한다.

· 약물 관련 통계 ·

- 40~79세 성인의 약 70%가 최근 30일 이내에 처방약을 복용한 적이 있다.

- 젊은 성인이 가장 흔히 복용하는 약물은 항우울제, 콜레스테롤 저하제, 혈압 강하제였다.

- 고령층에서는 콜레스테롤 저하제와 당뇨병 치료제가 가장 일반적으로 사용되었다.

- 성인의 약 50%는 여러 가지 약물을 동시에 복용하고 있으며, 이는 부작용 발생 위험을 높일 수 있다.

- 흔히 사용되는 약물 중 많은 것은 적절한 생활 습관 개선을 통해 줄이거나 중단할 수 있다. 단 어떤 약물이든 변경하려면 반드시 의사와 상담한 후에 결정해야 한다.

심장병으로 죽지 않고 심장병과 함께 살아가기

사람은 누구나 어떤 이유로든 결국 생을 마감한다.
중요한 것은 그 원인이 심장병이 되지 않도록 하는 것이며,
설령 그렇더라도 되도록 오래 살다가 그렇게 되어야 한다.

죽음에는 나름의 이유가 있고 우리 중 약 3분의 1은 심장병으로 생을 마감한다. 65세 이전에 발생하는 심혈관 질환은 대부분 적절한 조치로 예방할 수 있지만 삶이 길어질수록 심장병은 거의 피할 수 없는 질환이 되기 마련이다.

80세 노인 중 관상동맥 질환이 없는 사람은 10%에 불과하다. 심지어 115세까지 장수하는 초고령자들조차도 이 시기에는 관상동맥 질환이 진행되기 시작한다.

하지만 심장병을 피할 수 없다고 해서 심장마비와 같은 합병증이 반드시 발생한다는 것은 아니다. 심장병은 가능한 한 늦은 나이에 걸려야 하며 심장병이 있더라도 심장마비가 아닌 다른 피할 수 없는 이유로 생을 마감해야 하는 것, 이것이 우리의 목표다.

파열을 막고 심각한 문제가 발생할 가능성을 줄일 수 있다. 결국 플라크가 이미 형성되었더라도 가능한 한 오랫동안 플라크를 안정적으로 유지하는 것이 핵심 목표가 되어야 한다.

물론 결과를 완벽히 보장할 수는 없지만 우리는 그 확률을 유리한 방향으로 바꿀 수 있다.

사람들은 대부분 오랫동안 의미 있는 삶을 살다가 마치 잠든 것처럼 평온하게 생을 마감하길 바란다. 언젠가는 의사가 당신의 사망진단서에 사망 원인을 적게 될 날이 올 것이다. 거기에 어떤 사인이 적히든 그것이 심혈관 질환이 되지 않도록 최선을 다하자.

이 책에 담긴 원칙들을 따른다면 그 가능성은 훨씬 줄어들 것이다.

위험 요인 관리하기

앞서 설명했듯이 심장마비나 뇌졸중(36~39쪽 참조)은 동맥 내 플라크가 파열되면서 혈전이 형성되고, 이로 인해 혈관이 막히고 혈류가 차단되면서 발생하는 질환이다. 따라서 모든 위험 요소를 철저히 관리하면 동맥 내 플라크가 안정된 상태를 유지하도록 도와

> 목표는 관상동맥 질환에
> 걸린 채 살아가되
> 그 때문에 죽는 일은
> 없어야 한다는 것이다.

많이 하는 질문들

이미 심장병이 있는데, 앞으로 심장마비의 위험을 줄이기에는 너무 늦은 것일까?

전혀 그렇지 않다. 적절한 생활 습관 관리(176~177쪽 참조)와 약물 치료를 병행하면 향후 심장마비 위험을 크게 줄일 수 있다는 확실한 근거가 있다. 시작하기 너무 늦은 때란 없다는 것을 명심하자.

●

스타틴이 당뇨병을 유발할 수 있다고 들었는데, 사실일까?

그렇다. 스타틴은 아주 미미하게 당뇨병의 위험을 증가시킬 수 있다. 하지만 스타틴으로 얻을 수 있는 치료의 이점이 당뇨병 발생 위험보다 전반적으로 훨씬 더 크다. 연구에 따르면 스타틴 복용 후 당뇨병 위험이 다소 증가하는 경향이 있지만 증가 폭은 매우 작고, 스타틴 복용 중 당뇨병이 발생한 환자는 이미 혈당 조절 기능이 좋지 않거나 당뇨전단계 상태였던 경우가 많았다. 따라서 스타틴의 전반적인 이점이 당뇨병 발생 위험보다 훨씬 크다고 볼 수 있다. 다행히도 지금은 스타틴만큼 당뇨병 위험을 증가시키지 않는 콜레스테롤 저하 약물도 개발되어 사용되고 있다.

심장마비를 겪은 후 의사가 LDL 콜레스테롤 수치를 매우 낮게 유지하라고 하는데, 그래도 안전한 것일까?

그렇다. 안전하다. 연구에 따르면 심장마비 후 LDL 콜레스테롤을 현저히 낮은 수준으로 유지하면 향후 심장마비 위험이 크게 줄어든다는 강력한 근거가 있다. 또한 LDL 콜레스테롤 수치를 이 정도 낮은 수준으로 조절하는 것이 안전하다는 사실도 확인되었다.

•

운동 중 심박수가 높아지면 심장마비가 발생할 수 있을까?

아니다. 일반적으로 활동량을 점진적으로 늘려 간다면 운동 중에 일시적으로 심박수가 높아져도 안전하다. 그러나 운동 중 가슴 통증, 어지러움, 실신과 같은 증상이 나타난다면 다시 심박수가 높아지도록 운동하기 전에 반드시 의사와 상담해야 한다.

•

심장병이 있으면 자녀도 같은 병에 걸리게 될까?

꼭 그렇지는 않다. 유전적인 콜레스테롤 이상이 심장병의 원인이 되었더라도 자녀가 반드시 같은 위험을 물려받는 것은 아니다. 설령 그렇다 해도 적절한 관리와 생활 습관 개선을 통해 미래의 심장병 위험을 줄일 수 있다. 따라서 가족력이 있다면 자녀의 콜레스테롤 수치를 어릴 때부터 꾸준히 확인하는 것이 중요하다.

심장마비를 겪으면 수명이 단축될까?

대체로 그렇다. 하지만 이는 과거 치료 기술이 발전하기 전의 데이터로 봤을 때 그런 것이다. 요즘엔 심장마비 치료법이 훨씬 발전했기 때문에 수명에 미치는 영향이 이전보다 훨씬 적을 가능성이 크다. 게다가 심장마비가 수명에 미치는 영향을 최소화하는 주요 요인 중 상당수는 본인이 직접 관리할 수 있다. 예를 들어 규칙적인 운동이나 적정 체중 유지, 처방 약물 복용 등이 매우 중요하다.

•

관상동맥에 스텐트를 삽입하면 심장병이 완치될까?

아니다. 스텐트는 관상동맥이 플라크 축적으로 인해 심하게 좁아진 경우 이를 넓히기 위해 삽입하는 금속 구조물이다. 스텐트는 플라크를 동맥 벽으로 밀어내 혈류를 개선하는 역할을 하지만 질환을 '치료'하거나 없애지는 못한다. 심장마비가 발생한 상황에서는 스텐트가 생명을 구하는 역할을 하지만 그 밖의 경우에는 대개 약물 치료만으로도 충분하다. 다만 걸을 때 가슴 통증이 심하거나 숨이 매우 가쁜 경우에는 스텐트 시술이 필요할 수도 있다.

마치며

여기까지 읽었다면 이제 당신은 최대 10년을 더 건강하게 살게 해줄 지식을 갖추게 된 것이다. 우주의 거대한 흐름 속에서 10년은 긴 시간이 아닐지 모르지만 인간의 삶에서는 결코 짧지 않은 시간이다.

이제 중요한 것은 당신이 이 지식을 실천에 옮겨 그 가능성을 스스로에게 유리한 방향으로 조정할 수 있느냐는 것이다. 진심으로 그러길 바란다. 우리는 위험을 완전히 없앨 수는 없지만 발생 확률은 분명 줄일 수 있다. '카지노'를 이길 재간은 없더라도 더 오래 머무르며 즐길 수 있는 것처럼 말이다.

나는 오랜 시간 중증 심장병 환자들을 위한 복잡하고 정교한 시술법을 배우고 익혀 왔다. 하지만 시간이 흐르면서 내가 이들에게 진정한 도움을 주지 못하고 있다는 사실을 깨달았다. 그 이유는 시술 자체가 성공적이지 않아서가 아니라 그들이 시술을 받아야 했던 근본적인 원인 대부분이 충분히 예방 가능한 것들이기 때문이었다. 물론 일부 환자들은 유전적인 질환 등 어쩔 수 없는 경우도 있었지만 대부분은 잘못된 생활 습관이 누적된 결과로 수술대에 눕게 된 사람들이었다.

그리고 정말 안타까운 점은 환자들 대부분이 일부러 건강에 해로운 선택을 한 것이 아니라는 사실이다. 오히려 현대 사회가 잘못된 선택을 할 수밖에 없는 환경을 만들어 놓았기 때문에 그럴 수밖에 없었던 것이다. 고열량 가공식품이 넘쳐나고, 활동량은 줄었으며, 기술의 발전은 우리를 더 불안하게 만들고, 수면을 방해하는 요소들은 끝없이 늘고 있다. 환경이 이러하니 건강에 해로운 생활 습관을 피하기가 오히려 더 어려운 일이 되어버린 것이다.

어떤 사람들은 선택은 항상 우리 몫이었다고 말할

것이다. 틀린 말은 아니다. 하지만 세상이 제공하는 선택지가 대부분 나쁜 것들뿐이라면 그것을 정말 '선택'이라고 할 수 있을까? 물론 선택은 존재한다. 그러나 올바른 선택을 하기는 훨씬 더 어려워졌다. 오늘날 비만, 신체 활동 부족, 건강에 해로운 생활 습관이 만연해진 것은 개인만의 책임이 아니다. 하지만 그 결과는 우리가 직접 감당해야 한다.

우리가 이 문제를 스스로 해결하지 않는다면 결국 이른 나이에 심장병을 얻게 되고 삶은 헛되이 짧아질 것이다. 우리의 환경이 더 이상 잘못된 생활 습관을 유도하지 않기를 바란다. 그리고 우리 사회가 더 건강한 선택이 가장 쉬운 선택이 되고, 그러한 선택을 장려하는 곳이 되길 바란다. 언젠가는 많은 사람들이 그런 환경에서 살아가게 되길 진심으로 바란다.

그러나 안타깝게도 가까운 미래에 그런 변화가 올 것 같지는 않다. 따라서 우리는 스스로 건강한 생활 습관이 무엇인지 배우고, 그것을 실천할 책임을 져야 한다.

가끔 누군가가 "이건 너무 어려워요"라고 말할 때, 혹은 나 자신조차 그렇게 느낄 때마다 오스트리아의 정신과 의사 빅터 프랭클이 했던 말을 떠올린다. 그는 제2차 세계대전 당시 나치 강제수용소에서 4년을 견뎌낸 후 이렇게 말했다.

"더 이상 상황을 바꿀 수 없을 때
우리는 자신을 바꿔야 한다."

언젠가 우리가 건강에 해로운 선택을 강요받지 않는 세상이 오기를 바란다. 하지만 그날이 오기 전까지 선택은 오롯이 당신의 몫이다.

이제 당신 손에 필요한 도구가 모두 쥐어졌다.

당신의 여정에 행운이 함께하길 바란다.

참고 자료

Chapter 1 심장 이해하기
12-13 https://ourworldindata.org/causes-of-death · www.who.int/news-room/questions-and-answers/item/cardiovascular-diseases-avoiding-heart-attacks-and-strokes#:~:text=The%20good%20news%2C%20however%2C%20is,are%20the%20keys%20to%20prevention · **18-19** Thompson RC, Allam AH, Lombardi GP, Wann LS, Sutherland ML, Sutherland JD, Soliman MA, Frohlich B, Mininberg DT, Monge JM, Vallodolid CM, Cox SL, Abd el-Maksoud G, Badr I, Miyamoto MI, el-Halim Nur el-Din A, Narula J, Finch CE, Thomas GS. Atherosclerosis across 4,000 years of human history: the Horus study of four ancient populations. Lancet. 2013 Apr 6;381(9873):1211-22. doi: 10.1016/S0140-6736(13)60598-X. Epub 2013 Mar 12. PMID: 23489753 · Coronary atherosclerosis in indigenous South American Tsimane: a cross-sectional cohort study. Lancet Vol 389 April 29, 2017 · **20-21** Framingham Heart Study: JACC Focus Seminar, 1/8. J Am Coll Cardiol. 2021 Jun 1;77(21):2680-2692 · Marked disparities in life expectancy by education, poverty level, occupation, and housing tenure in the United States, 1997-2014. Int J MCH AIDS. 2021;10(1):7-18 · www.ons.gov.uk/peoplepopulationandcommunity/healthandsocialcare/healthandlifeexpectancies/articles/lifeexpectancycalculator/2019-06-07 · Health span approximates life span among many supercentenarians: compression of morbidity at the approximate limit of life span. J Gerontol A Biol Sci Med Sci. 2012 Apr;67(4):395-405 · https://en.wikipedia.org/wiki/Jeanne_Calment · https://ourworldindata.org/life-expectancy.

Chapter 2 심장병이란 무엇인가?
28-29 Björkegren JLM, Lusis AJ. Atherosclerosis: Recent developments. Cell. 2022 May 12;185(10):1630-1645. doi: 10.1016/j.cell.2022.04.004 · **30-31** Linton MRF, Yancey PG, Davies SS, et al. The role of lipids and lipoproteins in atherosclerosis. [Updated 2019 Jan 3]. In: Feingold KR, Anawalt B, Blackman MR, et al., editors. Endotext [Internet]. South Dartmouth (MA): MDText.com, Inc.; 2000-. Available from: www.ncbi.nlm.mnih.gov/books/NBK343489/ · Berman DS, Hachamovitch R, Shaw LJ, Friedman JD, Hayes SW, Thomson LE, Fieno DS, Germano G, Slomka P, Wong ND, Kang X, Rozanski A. Roles of nuclear cardiology, cardiac computed tomography, and cardiac magnetic resonance: assessment of patients with suspected coronary artery disease. J Nucl Med. 2006 Jan;47(1):74-82. PMID: 16391190 · **32-33** Coronary disease among United States soldiers killed in action in Korea: preliminary report. JAMA. 1953;152(12):1090-1093 · High prevalence of coronary atherosclerosis in asymptomatic teenagers and young adults: evidence from intravascular ultrasound. Circulation. 2001 Jun 5;103(22):2705-10 · Coronary artery calcium for the prediction of mortality in young adults <45 years old and elderly adults >75 years old. Eur Heart J. 2012 Dec;33(23):2955-62 · **34-35** Healed plaque ruptures and sudden coronary death: evidence that subclinical rupture has a role in plaque progression. Circulation. 2001 Feb 20;103(7):934-40 · **36-37** Bentzon JF, Otsuka F, Virmani R, Falk E. Mechanisms of plaque formation and rupture. Circ Res. 2014 Jun 6;114(12):1852-66. doi: 10.1161/CIRCRESAHA.114.302721. PMID: 24902970 · **38-39** Prospective Studies Collaboration. Age-specific relevance of usual blood pressure to vascular mortality: a meta-analysis of individual data for one million adults in 61 prospective studies. Lancet. 2002 Dec 14;360(9349):1903-13 · **40-41** www.cdc.gov/heartdisease/PAD.htm · Epidemiology of peripheral artery disease and polyvascular disease. Circ Res. 2021 Jun 11;128(12):1818-1832 · Unkart JT, Allison MA, Criqui MH, McDermott MM, Wood AC, Folsom AR, Lloyd-Jones D, Rasmussen-Torvik LJ, Allen N, Burke G, Szklo M, Cushman M, McClelland RL, Wassel CL. Life's Simple 7 and peripheral artery disease: the multi-ethnic study of atherosclerosis. Am J Prev Med. 2019 Feb;56(2):262-270 · **42-43** Uijl A, Koudstaal S, Vaartjes I, Boer JMA, Verschuren WMM, van der Schouw YT, Asselbergs FW, Hoes AW, Sluijs I. Risk for heart failure: the opportunity for prevention with the American Heart Association's Life's Simple 7. JACC Heart Fail. 2019 Aug;7(8):637-647. doi: 10.1016/j.jchf.2019.03.009. Epub 2019 Jul 10. PMID: 31302040 · McDonagh TA, and others, 2021 ESC Guidelines for the diagnosis and treatment of acute and chronic heart failure: developed by the task force for the diagnosis and treatment of acute and chronic heart failure of the ESC, with the special contribution of the Heart Failure Association (HFA) of the ESC, European Heart Journal, Vol 42, Issue 36, 21 September 2021, pp 3599-3726 · **44-45** Garg PK, O'Neal WT, Chen LY, Loehr LR, Sotoodehnia N, Soliman EZ, Alonso A. American Heart Association's Life Simple 7 and risk of atrial fibrillation in a population without known cardiovascular disease: The ARIC (Atherosclerosis Risk in Communities) Study. J Am Heart Assoc. 2018 Apr 12;7(8):e008424 · Elliott, AD, Middeldorp, ME, Van Gelder, IC et al. Epidemiology and modifiable risk factors for atrial fibrillation. Nat Rev Cardiol 20, 404-417 (2023). https://doi.org/10.1038/s41569-022-

00820-8 · **46-47** www.cdc.gov/aging/dementia/index.html · Diabetes mellitus and risk of dementia: A meta-analysis of prospective observational studies. J Diabetes Investig. 2013 Nov 27;4(6):640-50 · Dementia Prevention, Intervention, and Care: 2020 Report of the Lancet Commission. Lancet 2020, 396, 413-446.

Chapter 3 여러 가지 위험 요인
54-55 INTERHEART Study Investigators. Effect of potentially modifiable risk factors associated with myocardial infarction in 52 countries (the INTERHEART study): case-control study. Lancet. 2004 Sep 11-17;364(9438):937-52 · Trends in cardiovascular health metrics and associations with all-cause and CVD mortality among US adults March 16, 2012. doi:10.1001 /JAMA.2012.339 · Healthy lifestyle and life expectancy free of cancer, cardiovascular disease, and type 2 diabetes: prospective cohort study. BMJ 2020;368:l6669 · **56-59** High prevalence of coronary atherosclerosis in asymptomatic teenagers and young adults: evidence from intravascular ultrasound. Circulation. 2001 Jun 5;103(22):2705-10 · Impact of lipids on cardiovascular health: JACC Health Promotion Series. J Am Coll Cardiol. 2018 Sep 4;72(10):1141-1156 · High-density lipoprotein function and dysfunction in health and disease. Cardiovasc Drugs and Ther. 2019 Apr;33(2):207-219 · Association between high-density lipoprotein cholesterol levels and adverse cardiovascular outcomes in high-risk populations. JAMA Cardiol. Published online May 18, 2022 · **60-61** An examination of the prevalence of metabolic syndrome in older adults in Ireland: Findings from The Irish Longitudinal Study on Ageing (TILDA). PLOS One. 2022 Sep 14;17(9):e0273948 · Multinational Cardiovascular Risk Consortium. Application of non-HDL cholesterol for population-based cardiovascular risk stratification: results from the Multinational Cardiovascular Risk Consortium. Lancet. 2019 Dec 14;394(10215):2173-2183 · **62-63** A test in context: lipoprotein(a). JACC VOL. 69, NO. 6, 2017 · EAS Conference May 2022 Brian Ference Presentation · **64-65** Association of normal systolic blood pressure level with cardiovascular disease in the absence of risk factors. JAMA Cardiol. 2020;5(9):1011-1018 · Prospective Studies Collaboration. Age-specific relevance of usual blood pressure to vascular mortality: a meta-analysis of individual data for one million adults in 61 prospective studies. Lancet. 2002 Dec 14;360(9349):1903-13 · Association of normal systolic blood pressure level with cardiovascular disease in the absence of risk factors. JAMA Cardiol. 2020;5(9):1011-1018. www.cdc.gov/nchs/products/databriefs/db364.htm · **66-67** https://alancouzens.substack.com/p/chapter-1-athletic-development-through · www.menshealthforum.org.uk/news/walking-science-confirms-10000-steps-day#:~:text=The%20idea%20of%20walking%2010%2C000,kei%20or%2010%2C000%20steps%20meter · Association of daily step count and step intensity with mortality among US adults. JAMA. 2020;323(12):1151-1160 · www.who.int/news-room/fact-sheets/detail/physical-activity · www.cdc.gov/nchs/products/databriefs/db443.htm · Children meeting physical activity, screen time, and sleep guidelines. Am J Prev Med. 2020 Oct;59(4):513-521 · **68-69** Age-related sarcopenia in humans is associated with reduced synthetic rates of specific muscle proteins. The Journal of Nutrition. 1998;128:351S-355S · The changes of muscle strength and functional activities during aging in male and female populations. International Journal of Gerontology. Vol 8, Issue 4, December 2014, pp197-202 · Successful 10-second one-legged stance performance predicts survival in middle-aged and older individuals. British Journal of Sports Medicine. Published online first: 21 June 2022 · www.cdc.gov/nchs/products/databriefs/db443.htm · Recommended physical activity and all cause and cause specific mortality in US adults: prospective cohort study BMJ 2020; 370 doi: https://doi.org/10.1136/bmj.m2031 · **70-71** www.rethinkingdrinking.niaaa.nih.gov/How-much-is-too-much/Whats-the-harm/What-Are-The-Consequences.aspx · Association of habitual alcohol intake with risk of cardiovascular disease. JAMA Netw Open. 2022 · **72-73** https://ec.europa.eu/eurostat/statistics-explained/index.php?title=Tobacco_consumption_statistics · Cardiovascular risk of smoking and benefits of smoking cessation. J Thorac Dis. 2020 Jul;12(7):3866-3876 Electronic cigarettes and health with special focus on cardiovascular effects: position paper of the European Association of Preventive Cardiology (EAPC). Eur J Prev Cardiol. 2020 · www.acc.org/about-acc/press-releases/2019/03/07/10/03/ecigarettes-linked-to-heart-attacks-coronary-artery-disease-and-depression · **74-75** Grandner M, Mullington JM, Hashmi SD, Redeker NS, Watson NF, Morgenthaler TI. Sleep duration and hypertension: analysis of > 700,000 adults by age and sex. J Clin Sleep Med. 2018 Jun 15;14(6):1031-1039 · King CR, Knutson KL, Rathouz PJ, Sidney S, Liu K, Lauderdale DS. Short sleep duration and incident coronary artery calcification. JAMA. 2008 Dec 24;300(24):2859-66. doi: 10.1001/jama.2008.867. PMID: 19109114; PMCID: PMC2661105 · A single night of partial sleep deprivation induces insulin resistance in multiple metabolic pathways in healthy subjects. J Clin Endocrinol Metab. 2010 Jun;95(6):2963-8 · Nedeltcheva AV, Kilkus JM, Imperial J, Schoeller DA, Penev PD. Insufficient sleep undermines dietary efforts to reduce adiposity. Ann Intern Med. 2010 Oct · **76-77** Friedman M, Rosenman RH. Association of specific overt behavior pattern with blood and cardiovascular findings: blood cholesterol level, blood clotting time, incidence of arcus senilis, and clinical coronary artery disease. JAMA. 1959;169(12):1286-1296 · Psychosocial risk factors and cardiovascular disease and death in a population-based cohort from 21 low-, middle-, and high-income countries. JAMA Netw Open. 2021;4(12):e2138920 · Boyd B, Solh T. Takotsubo cardiomyopathy: Review of broken heart syndrome. JAAPA. 2020 Mar;33(3):24-29. doi: 10.1097/01.JAA.0000654368.35241.fc. PMID:

32039951 · **78-79** Age at menarche and risk of cardiovascular disease outcomes: findings from the National Heart, Lung and Blood institute-sponsored women's ischemia syndrome evaluation. J Am Heart Assoc. 2019 Jun 18;8(12):e012406 · Bachorik PS, Lovejoy KL, Carroll MD, Johnson CL. Apolipoprotein B and AI distributions in the United States, 1988-1991: results of the National Health and Nutrition Examination Survey III (NHANES III). Clin Chem. 1997 Dec;43(12):2364-78. PMID: 9439456 · American Heart Association Prevention Science Committee of the Council on Epidemiology and Prevention; and Council on Cardiovascular and Stroke Nursing. Menopause transition and cardiovascular disease risk: implications for timing of early prevention: a scientific statement from the American Heart Association. Circulation. 2020 Dec 22;142(25):e506-e532 · **80-81** Hyperinsulinemia as an independent risk factor for ischemic heart disease. N Engl J Med. 1996 Apr 11;334(15):952-7 · Insulin resistance as a predictor of age-related diseases. J Clin Endocrinol Metab. 2001 Aug;86(8):3574-8 · **82-83** Association of lipid, inflammatory, and metabolic biomarkers with age at onset for incident coronary heart disease in women. JAMA Cardiol. 2021 Apr 1;6(4):437-447 · Prognostic value of exercise capacity in incident diabetes: a country with high prevalence of diabetes. BMC Endocr Disord. 2022 Nov 30;22(1):297 · www.cdc.gov/mmwr/volumes/67/wr/mm6712a2.htm · **84-85** Why might South Asians be so susceptible to central obesity and its atherogenic consequences? The adipose tissue overflow hypothesis. Int J Epidemiol. 2007 Feb;36(1):220-5 · **86-87** Impact of the metabolic syndrome on mortality from coronary heart disease, cardiovascular disease, and all causes in United States adults. Circulation. 2004 Sep 7;110(10):1245-50 · **88-89** Nonalcoholic fatty liver disease and fibrosis associated with increased risk of cardiovascular events in a prospective study. Clin Gastroenterol Hepatol. 2020 Sep;18(10):2324-2331.e4 · Liver transplantation in patients with non-alcoholic steatohepatitis and alcohol-related liver disease: the dust is yet to settle. Transl Gastroenterol Hepatol. 2022 Jul 25;7:23 · Metabolic-associated fatty liver disease (MAFLD): a multi-systemic disease beyond the liver. J Clin Transl Hepatol. 2022 Apr 28;10(2):329-338 · **90-91** Jankowski J, Floege J, Fliser D, Böhm M, Marx N. Cardiovascular disease in chronic kidney disease: pathophysiological insights and therapeutic options. Circulation. 2021 Mar 16;143(11):1157-1172. doi: 10.1161/CIRCULATIONAHA.120.050686. Epub 2021 Mar 15. PMID: 33720773; PMCID: PMC7969169 · www.cdc.gov/kidneydisease/publications-resources/ckd-national-facts.html · **92-93** High-sensitivity C-reactive protein predicts cardiovascular risk in diabetic and nondiabetic patients: effects of insulin-sensitizing treatment with pioglitazone. J Diabetes Sci Technol. 2010 May 1;4(3):706-16 · Rosuvastatin to prevent vascular events in men and women with elevated C-reactive protein. N Engl J Med 2008; 359:2195-2207 · Antiinflammatory therapy with canakinumab for atherosclerotic disease. N Engl J Med 2017; 377:1119-1131 · Colchicine in patients with chronic coronary disease. DOI: 10.1056/NEJMoa2021372 · **94-95** Rajagopalan S, Landrigan PJ. Pollution and the heart. N Engl J Med. 2021 Nov 11;385(20):1881-1892. doi: 10.1056/NEJMra2030281. PMID: 34758254 · **98-99** https://newsroom.thecignagroup.com/loneliness-epidemic-persists-post-pandemic-look · Holt-Lunstad J, Smith TB. Loneliness and social isolation as risk factors for CVD: implications for evidence-based patient care and scientific inquiry. Heart. 2016 Jul 1;102(13):987-9 · www.cdc.gov/aging/publications/features/lonely-older-adults.html · www.census.gov/library/stories/2023/06/more-than-a-quarter-all-households-have-one-person.html · https://ec.europa.eu/eurostat/web/products-eurostat-news/-/DDN-20200623-1 · **100-101** European Atherosclerosis Society Consensus Panel on Familial Hypercholesterolaemia. Homozygous familial hypercholesterolaemia: new insights and guidance for clinicians to improve detection and clinical management. A position paper from the Consensus Panel on Familial Hypercholesterolaemia of the European Atherosclerosis Society. Eur Heart J. 2014 Aug 21;35(32):2146-57 · Heterozygous familial hypercholesterolemia: an underrecognized cause of early cardiovascular disease. CMAJ. 2006 Apr 11;174(8):1124-9 · Genetic risk, adherence to a healthy lifestyle, and coronary disease. N Engl J Med. 2016 Dec 15;375(24):2349-2358.

Chapter 4 심장병 위험의 평가 방법
106-107 https://ourworldindata.org/causes-of-death#does-the-news-reflect-what-we-die-from · https://tools.acc.org/ascvd-risk-estimator-plus/#!/calculate/advice/riskgraph/ · **110-12** http://www.aboutcancer.com/radiation_imaging_risks_0311.htm · Bienstock S, Lin F, Blankstein R, et al. Advances in coronary computed tomographic angiographic imaging of atherosclerosis for risk stratification and preventive care. J Am Coll Cardiol Img. null2023, 0 (0). https://doi.org/10.1016/j.jcmg.2023.02.002 · https://www.mesa-nhlbi.org/Calcium/input.aspx · Atherosclerotic plaque in patients with zero calcium score at coronary computed tomography angiography. Arq Bras Cardiol. 2018 May;110(5):420-427 · Coronary CT angiography and 5-year risk of myocardial infarction. N Engl J Med. 2018 Sep 6;379(10):924-933 · **113-15** Association of cardiorespiratory fitness with long-term mortality among adults undergoing exercise treadmill testing. JAMA Netw Open. 2018;1(6):e183605 · https://exrx.net/Calculators/MinuteRun · Estimation of VO2 max from the ratio between HRmax and HRrest - the Heart Rate Ratio Method. Eur J Appl Physiol. 2004 Jan;91(1):111-5. doi: 10.1007/s00421-003-0988-y · **116-17** Relationship between low relative muscle mass and coronary artery calcification in healthy adults. Arterioscler Thromb Vasc Biol. 2016 May;36(5):1016-21 · Association of skeletal muscle mass and its change with diabetes occurrence: a population-based cohort study. Diabetol Metab

Syndr 15, 53 (2023) · **118-19** The changes of muscle strength and functional activities during aging in male and female populations. International Journal of Gerontology Vol 8, Issue 4, December 2014, pp 197-202 · Rikli R, Jones C, Functional fitness normative scores for community-residing older adults, ages 60-94. J Aging Phys Activity. 1999;7(2):162-81 · **122-23** Changes in cardiorespiratory fitness and survival in patients with or without cardiovascular disease. J Am Coll Cardiol. 2023 Mar 28;81(12):1137-1147 · **124-25** A Randomized trial of intensive versus standard blood-pressure control. N Engl J Med. 2015 Nov 26;373(22):2103-16 · Prospective Studies Collaboration. Age-specific relevance of usual blood pressure to vascular mortality: a meta-analysis of individual data for one million adults in 61 prospective studies. Lancet. 2002 Dec 14;360(9349):1903-13.

Chapter 5 심혈관 질환 위험 줄이기

136-37 Kelly CT, Mansoor J, Dohm GL, Chapman WH 3rd, Pender JR 4th, Pories WJ. Hyperinsulinemic syndrome: the metabolic syndrome is broader than you think. Surgery. 2014 Aug;156(2):405-11 · **140-41** www.calculator.net/calorie-calculator.html · **142-43** Polyunsaturated fatty acids for the primary and secondary prevention of cardiovascular disease. Cochrane Database Syst Rev. 2018 Jul 18;7(7):CD012345 · Reduction in saturated fat intake for cardiovascular disease. Cochrane Database Syst Rev. 2015 Jun 10;(6):CD011737 · American Heart Association Professional and Public Education Committee of the Council on Hypertension; Council on Functional Genomics and Translational Biology; and Stroke Council. Salt sensitivity of blood pressure: a scientific statement from the American Heart Association. Hypertension. 2016 Sep;68(3):e7-e46 · **144-45** www.eufic.org/en/food-production/article/what-is-processed-food · Association between consumption of ultra-processed foods and all cause mortality: SUN prospective cohort study. BMJ. 2019 May 29;365:l1949 · Household availability of ultra-processed foods and obesity in nineteen European countries. Public Health Nutr. 2018 Jan;21(1):18-26 · GroceryDB: Prevalence of processed food in grocery stores. Babak Ravandi, Peter Mehler, Albert-László Barabási, Giulia Menichetti. medRxiv 2022.04.23.22274217 · Ultra-processed diets cause excess calorie intake and weight gain: an inpatient randomized controlled trial of ad libitum food intake. Cell Metab. 2019 Jul 2;30(1):67-77.e3 · **146-47** Amirani E, Milajerdi A, Reiner Ž, Mirzaei H, Mansournia MA, Asemi Z. Effects of whey protein on glycemic control and serum lipoproteins in patients with metabolic syndrome and related conditions: a systematic review and meta-analysis of randomized controlled clinical trials. Lipids Health Dis. 2020 Sep 21;19(1):209. doi: 10.1186/s12944-020-01384-7. PMID: 32958070; PMCID: PMC7504833 · Bhatt DL, Steg PG, Miller M, Brinton EA, Jacobson TA, Ketchum SB, Doyle RT Jr, Juliano RA, Jiao L, Granowitz C, Tardif JC, Ballantyne CM; REDUCE-IT Investigators. Cardiovascular risk reduction with icosapent ethyl for hypertriglyceridemia. N Engl J Med. 2019 Jan 3;380(1):11-22 · **148-49** Mason IC, Grimaldi D, Reid KJ, Warlick CD, Malkani RG, Abbott SM, Zee PC. Light exposure during sleep impairs cardiometabolic function. Proc Natl Acad Sci U S A. 2022 Mar 22;119(12):e2113290119. doi: 10.1073/pnas.2113290119. Epub 2022 Mar 14. PMID: 35286195; PMCID: PMC8944904 · **150-51** Chinnaiyan KM. Role of stress management for cardiovascular disease prevention. Curr Opin Cardiol. 2019 Sep;34(5):531-535. doi: 10.1097/HCO.0000000000000649. PMID: 31219875 · Stress reduction in the secondary prevention of cardiovascular disease: randomized, controlled trial of transcendental meditation and health education in Blacks. Circ Cardiovasc Qual Outcomes. 2012 Nov;5(6):750-8. doi: 10.1161/CIRCOUTCOMES. 112.967406. Epub 2012 Nov 13 · Psychological therapies for depression and cardiovascular risk: evidence from national healthcare records in England, European Heart Journal, Vol 44, Issue 18, 7 May 2023, pp 1650-1662, https://doi.org/10.1093/eurheartj/ehad188 · **152-53** DiNicolantonio JJ, O'Keefe JH. Effects of dietary fats on blood lipids: a review of direct comparison trials Open Heart 2018;5:e000871. doi: 10.1136/openhrt-2018-000871 · Long-term cholesterol-lowering effects of psyllium as an adjunct to diet therapy in the treatment of hypercholesterolemia. Am J Clin Nutr. 2000 Jun;71(6):1433-8 · Density lipoprotein cholesterol in young and apparently healthy women. Circulation. 2018 Feb 20;137(8):820-831. doi: 10.1161/CIRCULATIONAHA.117.032479. PMID: 29459468 · **154-55** 2022: The year in cardiovascular disease - the year of upfront lipid lowering combination therapy. Archives of Medical Science. 2022;18(6) · **156-57** Cholesterol Treatment Trialists' Collaboration. Effect of statin therapy on muscle symptoms: an individual participant data meta-analysis of large-scale, randomized, double-blind trials. Lancet. 2022 · N-of-1 Trial of a statin, placebo, or no treatment to assess side effects. NEJM. Nov 15 2020 · **158-59** www.cdc.gov/bloodpressure/facts.htm#:~:text=Nearly%20half%20of%20adults%20in, are%20taking%20medication%20for%20hypertension · The relationship between obesity and hypertension: an updated comprehensive overview on vicious twins. Hypertens Res 40, 947-963 (2017) · Effect of salt substitution on cardiovascular events and death. N Engl J Med. 2021 Sep 16;385(12):1067-1077 · Borghi C, Cicero AF. Nutraceuticals with a clinically detectable blood pressure-lowering effect: a review of available randomized clinical trials and their meta-analyses. Br J Clin Pharmacol. 2017 Jan;83(1):163-171 · Smart NA, Way D, Carlson D, Millar P, McGowan C, Swaine I, Baross A, Howden R, Ritti-Dias R, Wiles J, Cornelissen V, Gordon B, Taylor R, Bleile B. Effects of isometric resistance training on resting blood pressure: individual participant data meta-analysis. J Hypertens. 2019 Oct;37(10):1927-1938 · **160-61** Blood Pressure Lowering Treatment Trialists' Collaboration. Pharmacological blood pressure lowering for primary and secondary prevention of cardiovascular disease across different levels of blood pressure: an individual participant-level data meta-analysis. Lancet. 2021 May 1;397(10285):1625-1636 · A randomized trial of intensive versus standard blood-pressure control. N Engl J Med. 2015 Nov 26;373(22):2103-16 · 2018 ESC/ESH Guidelines for the management of arterial hypertension: The Task Force for the management of arterial hypertension of the European Society of Cardiology (ESC) and the European Society of Hypertension (ESH), European Heart Journal, Vol 39, Issue 33, 01 September 2018, pp 3021-3104 · **162-63** Primary care-led weight management for remission of type 2 diabetes (DiRECT): an open-label, cluster-randomised trial. Lancet. 2018 Feb 10;391(10120):541-551 · 1184-P: Return to normal glucose control by weight loss in nonobese people with type 2 diabetes: The ReTUNE Study. Diabetes. June 2021 · Cao Z, Li W, Wen CP, et al. Risk of death associated with reversion from prediabetes to normoglycemia and the role of modifiable risk factors. JAMA Netw Open. 2023;6(3):e234989. doi:10.1001/jamanetworkopen.2023.4989 · www.niddk.nih.gov/about-niddk/research-areas/diabetes/diabetes-prevention-program-dpp · **164-65** Estimating the number of quit attempts it takes to quit smoking successfully in a longitudinal cohort of smokers. BMJ Open. 2016 Jun 9;6(6):e011045 · US Preventive Services Task Force. Interventions for tobacco smoking cessation in adults, including pregnant persons: US Preventive Services Task Force Recommendation Statement. JAMA. 2021;325(3):265-279. doi:10.1001/jama.2020.25019 · Wadgave U, Nagesh L. Nicotine replacement therapy: an overview. Int J Health Sci (Qassim). 2016 Jul;10(3):425-35. PMID: 27610066; PMCID: PMC5003586 · **166-67** El Khoudary SR, Aggarwal B, Beckie TM, Hodis HN, Johnson AE, Langer RD, Limacher MC, Manson JE, Stefanick ML, Allison MA; American Heart Association Prevention Science Committee of the Council on Epidemiology and Prevention; and Council on Cardiovascular and Stroke Nursing. Menopause transition and cardiovascular disease risk: implications for timing of early prevention: a scientific statement from the American Heart Association. Circulation. 2020 Dec 22;142(25):e506-e532 · **168-69** Cofer LB, Barrett TJ, Berger JS. Aspirin for the primary prevention of cardiovascular disease: time for a platelet-guided approach. Arterioscler Thromb Vasc Biol. 2022 Oct;42(10):1207-1216 · Cainzos-Achirica M, Miedema MD, McEvoy JW, Al Rifai M, Greenland P, Dardari Z, Budoff M, Blumenthal RS, Yeboah J, Duprez DA, Mortensen MB, Dzaye O, Hong J, Nasir K, Blaha MJ. Coronary artery calcium for personalized allocation of aspirin in primary prevention of cardiovascular disease in 2019: The MESA Study (Multi-Ethnic Study of Atherosclerosis). Circulation. 2020 May 12;141(19):1541-1553 · **170-71** Jastreboff AM, Kaplan LM, Frías JP, Wu Q, Du Y, Gurbuz S, Coskun T, Haupt A, Milicevic Z, Hartman ML; Retatrutide Phase 2 Obesity Trial Investigators. Triple-hormone-receptor agonist retatrutide for obesity - A Phase 2 Trial. N Engl J Med. 2023 Jun 26 · **172** Nguyen PY, Astell-Burt T, Rahimi-Ardabili H, Feng X. Effect of nature prescriptions on cardiometabolic and mental health, and physical activity: a systematic review. Lancet Planet Health. 2023 Apr;7(4):e313-e328. doi: 10.1016/S2542-5196(23)00025-6. PMID: 37019572 · White, M.P., Alcock, I., Grellier, J. et al. Spending at least 120 minutes a week in nature is associated with good health and wellbeing. Sci Rep 9, 7730 (2019) https://doi.org/10.1038/s41598-019-44097-3.

Chapter 6 심장병 치료하기

176-77 Coronary atheroma regression and plaque characteristics assessed by grayscale and radiofrequency intravascular ultrasound after aerobic exercise. Am J Cardiol. 2014 Nov 15;114(10):1504-11. doi: 10.1016/j.amjcard.2014.08.012 · High-risk coronary plaque regression after intensive lifestyle intervention in nonobstructive coronary disease: a randomized study. JACC Cardiovasc Imaging. 2021 Jun;14(6):1192-1202 · ASTEROID Investigators. Effect of very high-intensity statin therapy on regression of coronary atherosclerosis: the ASTEROID trial. JAMA. 2006 Apr 5;295(13):1556-65 · REVERSAL Investigators. Effect of intensive compared with moderate lipid-lowering therapy on progression of coronary atherosclerosis: a randomized controlled trial. JAMA. 2004 Mar 3;291(9):1071-80 · **178-79** Winnige P, Vysoky R, Dosbaba F, Batalik L. Cardiac rehabilitation and its essential role in the secondary prevention of cardiovascular diseases. World J Clin Cases. 2021 Mar 16;9(8):1761-1784 · **180-81** www.gov.uk/heart-attacks-and-driving · www.nhs.uk/conditions/heart-attack/recovery/ · Systematic review of physical activity trajectories and mortality in patients with coronary artery sisease. JACC Vol 79, Issue 17, 3 May 2022, pp 1690-1700 · **184-85** Detection, diagnosis and treatment of acute ischemic stroke: current and future perspectives. Front Med Technol. 2022 Jun 24;4:748949. doi: 10.3389/fmedt.2022.748949 · Extended window for stroke thrombectomy. J Neurosci Rural Pract. 2019 Apr-Jun;10(2):294-300. doi: 10.4103/jnrp.jnrp_365_18 · Young J, Forster A. Review of stroke rehabilitation. BMJ. 2007 Jan 13;334(7584):86-90. doi: 10.1136/bmj.39059.456794.68 · **186-87** Sudden cardiac death in young individuals: a current review of evaluation, screening and prevention. J Clin Med Res. 2023 Jan;15(1):1-9. doi: 10.14740/jocmr4823 · **188-89** Withdrawal of pharmacological treatment for heart failure in patients with recovered dilated cardiomyopathy (TRED-HF): an open-label, pilot, randomised trial. Lancet. 2019 Jan 5;393(10166):61-73 · Prescription drug use among adults aged 40-79 in the United States and Canada. NCHS Data Brief, no 347. Hyattsville, MD: National Center for Health Statistics. 2019 · The epidemiology of polypharmacy in older adults: register-based prospective cohort study. Clin Epidemiol. 2018 Mar 12;10:289-298.

이미지 출처

본 출판사는 데이터를 사용할 수 있도록 흔쾌히 허락해 주신 다음 분들께 깊은 감사를 전한다.
(Key: a-above; b-below/bottom; c-centre; f-far; l-left; r-right; t-top)
32-33 National Library of Medicine: Graph adapted: Ages at which heart disease is detected: Tuzcu EM, Kapadia SR, Tutar E, Ziada KM, Hobbs RE, McCarthy PM, Young JB, Nissen SE. High prevalence of coronary atherosclerosis in asymptomatic teenagers and young adults: evidence from intravascular ultrasound. Circulation. 2001 Jun 5;103(22):2705-10. doi: 10.1161/01.cir.103.22.2705. PMID: 11390341 (b). **61** Elsevier: Graph of Non-HDL cholesterol and cardiovascular disease risk adapted from: https://doi.org/10.1016/j.atherosclerosis.2023.117312; © 2023 The Authors. Published by Elsevier B.V. (t). **68** Cambridge University Press: Average muscle mass decline in old age Illustration adapted: Welch AA. Nutritional influences on age-related skeletal muscle loss. Proceedings of the Nutrition Society. 2014;73(1):16-33. Ailsa A. Welch©right=Copyright © The Author 2013doi:10.1017/S0029665113003698 (b).
73 Our World in Data | https://ourworldindata.org/: Graph of Smoking and cardiovascular diseases adapted-Hannah Ritchie and Max Roser (2013) - "Smoking". Published online at OurWorldInData.org. Retrieved from: 'https://ourworldindata.org/smoking' (t). 81 National Library of Medicine: Infographic of High LDL cholesterol levels, high insulin resistance, and CVD adapted from: Desprs JP, Lamarche B, Maurige P, Cantin B, Dagenais GR, Moorjani S, Lupien PJ. Hyperinsulinemia as an independent risk factor for ischemic heart disease. N Engl J Med. 1996 Apr 11;334(15):952-7. doi: 10.1056/NEJM199604113341504. PMID: 8596596. (b). **93** National Library of Medicine: Infographic of Inflammation and risk of heart event adapted from: Pftzner A, Schndorf T, Hanefeld M, Forst T. High-sensitivity C-reactive protein predicts cardiovascular risk in diabetic and nondiabetic patients: effects of insulin-sensitizing treatment with pioglitazone. J Diabetes Sci Technol. 2010 May 1;4(3):706-16. doi: 10.1177/193229681000400326. PMID: 20513338; PMCID: PMC2901049. (t). **95** Springer Nature: Graphic of How air pollution increases the risks of cardiovascular disease adapted from: Al-Kindi, S.G., Brook, R.D., Biswal, S. et al. Environmental determinants of cardiovascular disease: lessons learned from air pollution. Nat Rev Cardiol 17, 656-672 (2020). https://doi.org/10.1038/s41569-020-0371-2. Permission received from-sanjay.rajagopalan@uhhospitals.org (c). **116** ResearchGate: Graph of Muscle mass decline by decade adapted from: Toroptsova, Natalia & Feklistov, A.. (2019). Musculoskeletal system pathology: focus on sarcopenia and osteosarcopenia. Medical Council. 78-86. 10.21518/2079-701X-2019-4-78-86. (b). **145** Cambridge University Press: Graph adapted from-Monteiro CA, Moubarac J-C, Levy RB, Canella DS, Louzada MLda C, Cannon G. Household availability of ultra-processed foods and obesity in nineteen European countries. Public Health Nutrition. 2018;21(1):18-26. doi:10.1017/S1368980017001379. Copyright © The Authors 2017 (t). **155** National Library of Medicine: Graph of Effectiveness of ldl-cholesterol-reducing medications adapted from: Banach M, Reiner Z, Cicero AFG, Sabouret P, Viigimaa M, Sahebkar A, Postadzhiyan A, Gaita D, Pella D, Penson PE. 2022: the year in cardiovascular disease - the year of upfront lipid lowering combination therapy. Arch Med Sci. 2022 Nov 7;18(6):1429-1434. doi: 10.5114/aoms/156147. PMID: 36457968; PMCID: PMC9710261. https://creativecommons.org/licenses/by/4.0/ (t).
171 National Library of Medicine: Graph of Weight loss and subsequent gain during course of and then stopping semaglutide adapted from: Wilding JPH, Batterham RL, Davies M, Van Gaal LF, Kandler K, Konakli K, Lingvay I, McGowan BM, Oral TK, Rosenstock J, Wadden TA, Wharton S, Yokote K, Kushner RF; STEP 1 Study Group. Weight regain and cardiometabolic effects after withdrawal of semaglutide: The STEP 1 trial extension. Diabetes Obes Metab. 2022 Aug;24(8):1553-1564. doi: 10.1111/dom.14725. Epub 2022 May 19. PMID: 35441470; PMCID: PMC9542252. http://creativecommons.org/licenses/by/4.0/ (b).
All others © Dorling Kindersley

찾아보기

ㄱ

가공식품 142~145
가슴 통증 34
가와사키병 49
가족력 101, 103, 134, 192
간경변 88~89
간세포암 88~89
간헐적 단식 141, 153
갑상선 질환 65, 153
거품세포 30
건강 수명 12~13, 55
건강한 비만 85
건강한 사용자 편향 71
경동맥 24, 35
고감도 C-반응 단백(hsCRP) 92
고주파 절제술 48
고혈압 64~65
골밀도 120~121
관상동맥 CT 혈관조영술(CTCA) 112
관상동맥 칼슘 CT 검사 110~111
근감소증 116~117, 121
근력 69, 118~119
근력 운동 69, 138~139
근육 손실 68~69, 116~117
근육량 68~69, 116~117, 120~121
글라고브 현상 31
금연 164~165, 178~179
기대 수명 21, 23, 55
긴 QT 증후군 186

ㄴ

내장지방 80, 83~85, 88, 120~121
내피 28~29, 31, 72, 95
노시보 효과 157
뇌졸중 38~39, 44~45, 64~65, 74, 160~161, 184~185
뇌혈관 질환 38~39

ㄷ

다약제 치료 189
다유전자 위험 점수 100~101
단기간의 위험 134
단백질 섭취 140~141
단백질 표지자 56~57, 60~61
당뇨병 82~83
당뇨병 호전 162~163
당뇨전단계 82~83, 162~163
대기 오염 94~95
대동맥 판막 14~17
대동맥류 48
대동맥판막 협착증 62
대사증후군 21, 47, 59, 60~61, 86~87, 136~137
대사증후군 예방 136~137
대사증후군의 요소 86~87
덱사 스캔 85, 109, 117, 120~121
동맥 벽 해부도 28~29
동맥류 39, 48~49
동맥의 경화 29
동맥의 기능 17
두근거림 35

ㄹ

레스베라트롤 70, 173
로수바스타틴 92, 154
류머티즘 관절염 92
류머티즘성 심장병 96~97

ㅁ

말초혈관 질환(PVD) 35, 40~41
메토트렉세이트 92
면역 체계 30
명상 150~151
미네랄코르티코이드 수용체 길항제(MRAs) 160, 182

찾아보기

ㅂ

박출률 보존 심장기능상실(HF-PEF) 42~43, 183
박출률(EF) 42
발기부전 181
발목상완 혈압지수(ABPI) 41
발육 부전성 좌심 증후군 49
방사선 노출 127
백의 고혈압 103, 124
베타 차단제 160, 181~182
벰페도익산 155
부신 종양 65
부족한 신체 활동 66~67
부종 182
브루가다 증후군 186
브루스 프로토콜 122
비-HDL 콜레스테롤 60~61, 108, 153
비대성 심근병증 186~187
비만 치료 170~171
비만과 내장지방 84~85
비알코올성 지방간 80, 88~89
비알코올성 지방간염 88~89
비약물적 감소 152~153, 158~159
비타민 D 90, 147
비허혈성 심근병증 43
빈맥 48, 186

ㅅ

사구체 여과율(eGFR) 90
사망 원인 190
사망률 12
사스 코로나 바이러스2 96
사지 근육량 지수(ALMI) 117, 120
사회경제적 요인 20~21
사회적 관계 98~99
산화 스트레스 94~95
삼엽성 대동맥판막 49
삼첨판막 14~15
상심 증후군 77
색전성 뇌졸중 39
생체 측정 평가 109
생활 습관 요인 및 선택 55, 132~133
석회화 17~18, 63, 90, 109~112, 177

선천성 심장 질환 48~49
섬유성 플라크 30~31
세마글루타이드 171
세포횡단수송 29
소금 섭취 65, 142~143, 159
손아귀힘 69, 109, 118~119
수면 74~75, 124, 148~149, 159, 163
수면 무호흡증 65, 80, 109, 139, 149
수명 12~13, 20~21, 55, 193
스타틴 92, 154~157, 173, 177, 191
스텐트 168, 193
스트레스 줄이기 150~151
승모판막 14~17
시간의 범위 134~135
식이요법 102, 140~141, 152~153, 170, 176
신동맥 협착증 65
신장 질환 90~91
신장의 기능 90
신체 활동 66~67
심근경색 36, 58
심근병증 43, 77, 79, 186~187
심근염 96~97, 186
심낭염 96~97
심내막염 96~97
심박수 24, 48, 67, 76, 94~95, 113~114, 138~139, 192
심박수 구간 138~139, 192
심방세동 39, 44~45, 64, 136
심방의 구조 14~15
심방의 기능 16~17
심실상 빈맥(SVT) 48
심실세동 186
심실의 구조 14~15
심실의 기능 16~17, 42
심장 CT 검사 108~112, 126~127
심장 감염 96~97
심장 돌연사 186~187
심장 재활 178~179
심장기능상실 17, 35, 42~43, 136, 182~183
심장마비 36~37, 39, 50~51, 58~59, 62~65
심장마비 이후의 활동 180~181
심장병 검사 108~109
심장병의 역사 18~19
심장병의 정의 28~29
심장병의 증상 34~35

심장병의 진행 되돌리기 176~177
심장의 기능 16~17
심장의 위치 14, 24, 49
심장세동 186~187
심장의 구조 14~15
심장의 기능 16~17
심장의 크기 25
심전도(ECG) 44~45, 123
심정지 50~51

ㅇ

아가트스톤 점수(AU) 110~111
아스피린 168~169, 188~189
아토르바스타틴 154
아포지단백 B(APOB) 56, 60~61
아포지단백 E4형(APOE4) 유전자 47
안지오텐신 수용체 차단제 160, 182
안티센스 올리고뉴클레오타이드 요법 63
알도스테론 길항제 182
알도스테론증 65
알츠하이머성 치매 46~47
알코올 70~71
알코올 섭취 143
알파 차단제 160
암 12~13
약물 154~157, 173, 177, 188~189, 191
약물 관련 통계 189
약물 중단 188~189
어린이 심장병 25, 32~33
에스트로겐 78~79
에제티미브 154~155, 177
역류 17
열량 140~141
염증 92~93
영양 140~147, 173
영양 보충제 146~147, 159
오메가-3 피시오일 93, 146, 159
와인 70, 173
외로움 98~99
우심장증 49
우울증 150~151
운동 13, 67, 138~139
운동 대사당량(METs) 122~123, 137

운동부하 검사 122~123
위험 요인 관리 54~55
위험도 계산 106~107
유산소 운동 138~139
유전적 요인 25, 100~101, 153~154, 192
유청 단백질 146, 152
음식과 혈압 159
의지력 133
이뇨제 160, 182
이상음 17
이엽성 대동맥판막 49
이엽성 대동맥판막증 48
인두염 96
인센티브 기반 행동 132~133
인슐린 저항성 47, 80~83, 86~88, 108, 136~137, 162~163
인클리시란 155
일반 원칙 130~131
임신 79

ㅈ

자가 측정 126~127
자발성 관상동맥 박리증 79
저지방 식단 140~141
저탄수화물 식단 140~141, 153, 173
전자담배 72~73, 164~165
정맥의 구조 14~15
정맥의 기능 17
젖산 역치 검사 109, 138
종합 비타민 147
좋은 유전자 22
죽상경화증 28~31, 50, 72~73
죽상경화증 위치 14~15, 17, 28~29
중성지방 56~57, 86, 89, 146, 153
지단백(a)(Lp(a)) 62~63, 100
지단백질 56~57
지방 섭취 142~143, 152~153
지방간 질환 88~89
지방의 종류 84~85
지방줄무늬 14, 30~31
지방흡입술 85

ㅊ

채식 위주 식단 141
초가공식품 144~145
초음파 32~33, 41, 43, 63, 88~89, 183
최대산소섭취량 계산 114
최대산소섭취량(VO2 max) 113~115, 122~123
출혈성 뇌졸중 38~39
치매 46~47, 74, 87, 99, 136

ㅋ

카나키누맙 92
카페인 148~149
칼륨 섭취 65, 159
칼슘 점수(CAC) 19, 110~111, 168
칼슘 채널 차단제 160
커큐민 93
콕사키 바이러스 96
콜레스테롤 56~61, 152~155
콜레스테롤 검사 60
콜레스테롤 낮추기 152~157, 173
콜레스테롤 수치 100, 102, 152~155, 176~177, 192
콜레스테롤의 기능 56~57
콜히친 92
쿠싱 증후군 65
쿠퍼 테스트 113
크레아티닌 90

ㅌ

타코츠보 심근병증 77
탄수화물 140~141, 153, 173
테니스공 비유 130~131
트레드밀 검사 122~123

ㅍ

파행 35
판막의 구조 14~15
평생의 위험 135
폐경 25, 77~79, 166~167
폐동맥의 구조 14~15
폐렴 92
폐의 기능 16~17
폐정맥 14~17
포시세포 30
프리데발트 공식 61
플라크 감소 176~177
플라크 축적 28~31, 51, 57
플라크 파열 30~31, 34~37, 39, 72, 92, 176~177, 190

ㅎ

하체 근력 119
한 발로 서기 테스트 69
항염증 92~93
허리둘레 84~86, 89, 109, 120
허혈성 뇌졸중 38~39
혈관성 치매 46~47
혈관조영술 126
혈당 모니터링 103
혈압 낮추기 158~161, 188~189
혈압 모니터링 124~127
혈압 측정 64
혈압과 약물 160~161, 188~189
혈액 검사 108~109, 126
협심증 34
협착증 17, 62, 65
호르몬 대체 요법 79, 166~167
환경 요인 및 선택 132~133
흡연 13, 20, 46, 72~73, 103, 106~107, 164~165

기타

1만 보의 진실 66
ACE 억제제 160, 182
BNP 검사 43
FAST 가이드 184~185
GLP-1 수용체 작용제 170~171
HDL 콜레스테롤 노출 및 위험 58~59, 102
LDL 콜레스테롤 노출 및 위험 58, 127
PCSK9 억제제 154~155, 177
SGLT2 억제제 91, 182

감사의 글

저자의 감사 인사

이 책에 담긴 과학적 지식은 모두 수년에 걸쳐 수많은 사람들이 오랜 시간 기꺼이 임상 시험과 연구에 참여한 결과물이다. 무엇보다도 나는 이 익명의 지식 기부자들에게 깊은 감사를 전한다. 그들은 연구에 참여하면서 아무런 보상도 받지 않았고, 심지어 연구에 참여하는 것이 자신에게 도움이 되기보다 해가 될 수도 있다는 사실을 알고도 참여한 경우도 많았다. 그들은 과학 연구가 자신보다 다른 사람들에게 더 큰 이익을 줄 수 있다는 사실을 이해했고, 그 놀라운 과학의 여정에 기꺼이 동참했다. 용기 있는 모든 이들에게 우리는 깊은 감사를 전해야 한다. 그들이야말로 과학계의 이름 없는 영웅들이다. 정말 감사드린다.

DK 팀 모두에게 감사드린다. 이 책을 가능하게 해준 분들과 직접 만나거나 대화를 나눌 기회는 많지 않았지만 한 권의 책이 완성되기까지 모두가 중요한 역할을 해주었음을 알고 있다.

용기를 내어 먼저 연락을 주고 전 과정을 원활하게 이끌어 준 기획 편집자 베키 알렉산더, 복잡하게 흩어진 과학적 용어들을 읽기 쉬운 형태로 정리해 준 편집자 필 헌트, 처음부터 끝까지 모든 일정과 과정을 빈틈없이 관리해 주고 이미 보내 준 자료를 다시 보내 달라고 해도 불평 한마디 없었던 프로젝트 편집자 루시 필풋은 특히 고마워해야 할 사람들이다.

그리고 이 책이 현실이 되도록 힘을 보태 준 삽화팀, 마케팅팀, 영업팀, 인쇄팀을 비롯한 DK의 모든 분께 깊이 감사드린다. 그레이하운드 리터러리의 에이전트 줄리아 실케도 고마운 사람이다. 출판 계약과 출판계의 복잡한 이야기들 앞에서 내가 멍하니 있을 때마다 묻지도 따지지도 않고 모든 일을 자연스럽게 해결해 주었다. 당신 덕분에 이 책이 가능해졌다.

진료 중 했던 말을 기억해 내려고 애쓰지 말고 차라리 읽을 수 있는 책을 써달라고 계속 독려해 준 환자들에게도 깊이 감사드린다. 사실 내가 그분들에게 배운 것이 더 많았을지도 모른다. 형 데이비드에게도 감사의 마음을 전한다. 늘 필요한 순간에 곁에 있어 주었고 중요한 순간마다 내가 꼭 들어야 할 말을 해주었다. 항상 옳은 말을 해주는 그의 고집스러운 솔직함 덕분에 방향을 잃지 않을 수 있었다. 그리고 가족 같은 사람들 드니즈와 해리, 애티커스, 그레타. 언제나 웃음을 주고 따뜻한 사랑과 관심을 아낌없이 보내 준 소중한 이들에게 감사를 전한다.

어릴 적 내게 지혜와 책을 사랑하는 마음을 심어 준 어머니께 감사드린다. 쉬운 길이 아닐지라도 늘 옳은 선택을 해오셨고, 그런 용기를 내게도 심어 주셨다. 내가 엉뚱한 생각을 떠올려도 늘 지지해 주고, 내가 확신이 없을 때조차 끝까지 믿어 준 아내 브로냐에게도 깊은 감사를 전한다. 책상 옆에서 작은 장난감 노트북을 펼치고 "아빠, 일하세요!"라고 말해 주던 아들 노아, 그 누구보다 소중한 존재다. 그리고 아직 엄마 뱃속에 있는 우리 둘째, 곧 만나게 될 날을 설레는 마음으로 기다리고 있단다.

끝으로 말로 다 표현할 수 없는 사랑과 그리움을 남긴 아버지, 그분은 지금도 마음속 깊이 함께하고 있다.

DK의 감사 인사

콘셉트 개발을 맡은 자라 안바리, 디자인 개발을 담당한 한나 노튼, 교정을 맡은 캐서린 글렌데닝, 색인을 작업한 루스 엘리스, 자료 사용 허가를 조율해 준 아디트야 카이탈에게 감사를 전한다.

지은이 패디 배럿

패디 배럿 박사는 아일랜드의 심장 전문의로서 이 분야의 선도적인 전문가 중 한 명이다. 더블린 대학교와 뉴욕의 컬럼비아 대학교 메디컬 센터, 캘리포니아의 스크립스 중개과학연구소에서 수련한 그는 NASA의 의료 기술을 중력이 낮은 환경에서 실험하는 프로그램에 참여했으며, 명상 앱인 헤드스페이스와 협업하기도 했다. 그의 연구는 〈랜싯〉과 〈미국심장학회지〉, 〈유럽심장학회지〉 등 주요 학술지에 소개된 바 있다. 현재 아일랜드 더블린에서 활발한 임상 진료를 이어 가며 심장병에 관한 주간 소식지를 발행하고 있다.

옮긴이 김영정

서강대학교 영어영문학과를 졸업했으며, 다년간 로컬리제이션 회사에서 번역 업무를 담당했다. 현재 번역 에이전시 엔터스코리아에서 전문 번역가로 활동하고 있다. 옮긴 책으로는 『움직임 습관의 힘』, 『처음 읽는 식물의 세계사』, 『아이도 부모도 기분 좋은 원칙 연결 육아』, 『단숨에 읽는 여성 아티스트』 외 다수가 있다.

바디 사이언스: 심장

발행일	2025년 8월 4일 초판 1쇄 발행
지은이	패디 배럿
옮긴이	김영정
발행인	강학경
발행처	시그마북스
마케팅	정제용
에디터	신영선, 최연정, 최윤정, 양수진
디자인	강서형, 김문배, 정민애, 강경희

등록번호	제10-965호
주소	서울특별시 영등포구 양평로 22길 21 선유도코오롱디지털타워 A402호
전자우편	sigmabooks@spress.co.kr
홈페이지	http://www.sigmabooks.co.kr
전화	(02) 2062-5288~9
팩시밀리	(02) 323-4197
ISBN	979-11-6862-379-8 (03510)

Original Title: Heart: An Owner's Guide
Text © Dr Paddy Barrett 2024
Dr Paddy Barrett has asserted his right to be identified as the author of this work.
Copyright © 2024 Dorling Kindersley Limited
A Penguin Random House Company
Korean translation copyright © 2025 by SIGMA BOOKS

www.dk.com

이 책은 저작권법에 의해 한국 내에서 보호를 받는 저작물이므로 무단 전재와 무단 복제를 금합니다.

파본은 구매하신 서점에서 바꾸어드립니다.

* 시그마북스는 (주)시그마프레스의 단행본 브랜드입니다.

면책 조항

이 책의 정보는 다루고 있는 특정 주제와 관련해 일반적인 지침을 제공하기 위해 작성됐습니다. 특정 상황과 특정 장소에 대한 의료, 건강관리, 제약, 기타 전문적인 조언을 대신할 수 없으며 그런 용도로 사용해서도 안 됩니다. 의학적 치료는 시작, 변경, 중단하기 전에 담당 주치의와 상담하시기 바랍니다. 저자가 아는 한, 이 책에서 제공하는 정보는 2023년 11월을 기준으로 정확한 최신 정보입니다. 관행, 법률, 규정은 모두 변경되기 마련이므로 독자는 이런 문제에 대해서 최신 전문가의 조언을 구해야 합니다. 이 책에 제품이나 치료법, 조직의 명칭이 언급됐다고 해서 이를 저자 또는 출판사가 보증한다는 의미는 아니며, 그런 명칭이 누락되었다고 해서 인증 거부를 의미하지도 않습니다. 저자와 출판사는 법이 허용하는 한 이 책에 포함된 정보의 사용 또는 오용으로 인해 직간접적으로 발생하는 모든 책임을 부인합니다.

성 정체성에 관한 참고 사항

출판사는 모든 성 정체성을 인정하며, 출생 시 성기를 기준으로 지정된 성별이 본인의 성 정체성과 일치하지 않을 수 있음을 인정합니다. 사람들은 자신을 어떤 성별로든, 어떤 성별도 아닌 것으로든 규정할 수 있습니다. 젠더 언어와 그 사용 방식이 우리 사회에서 진화함에 따라 과학 및 의료계는 지속적으로 자체 표현 방식을 재평가하고 있습니다. 이 책에 언급된 대부분의 연구에서는 출생 시 여성으로 지정된 사람을 '여성', 남성으로 지정된 사람을 '남성'으로 지칭합니다.